林业和草原干部教育培训策划与实施方法

玉宝 ◎ 著

中国林業出版社
CFPH China Forestry Publishing House

图书在版编目(CIP)数据

林业和草原干部教育培训策划与实施方法 / 玉宝著.
北京 ：中国林业出版社，2025. 6. -- ISBN 978-7-5219-3292-8

Ⅰ. S7；S812

中国国家版本馆 CIP 数据核字第 2025YS9758 号

责任编辑：张 健 于界芬

出版发行 中国林业出版社有限公司
中国林业出版社(100009，北京市西城区刘海胡同 7 号，电话 83143542)

电子邮箱 cfphzbs@163. com

网 址 www. cfph. net

印 刷 北京中科印刷有限公司

版 次 2025 年 6 月第 1 版

印 次 2025 年 6 月第 1 次印刷

开 本 710mm×1000mm 1/16

印 张 8. 5

字 数 100 千字

定 价 48. 00 元

前 言

干部教育培训是一项系统性工程，从培训需求分析、培训设计、培训实施、培训评估，到新的培训需求分析，不断循环，形成一个完整的体系。其中涉及要素较多，例如，组织、任务、人员分析，绩效分析，组织、岗位、个人 3 类需求，知识、能力、态度 3 个方面需求，等等。做好干部教育培训工作，尤其是策划实施好一期有针对性和实效性的培训班，满足广大学员的需求绝非易事。著者自 2006 年以来一直从事干部教育培训工作，期间完成了大量培训策划与实施工作，参与并承担了许多课题和项目，在干部教育培训领域作了很多有意义的探索，积累了丰富的策划和实践经验。著者认为，当前在干部教育培训中，现代培训理念的应用程度十分有限，培训标准化、规范化、专业化、智能化建设有待加强。例如，运用以学员为主体的培训理念、应用“菜单式”和“订单式”培训模式、培训需求精准调查分析方法、依据需求调查分析科学制定培训方案、培训课程规范化设计方法、应用开放式培训课程设计模式、由培训需求调查结果生成培训课程的评判标准，调动学员积极主动参与培训全过程的方法、建立对培训学员的训后跟踪机制，等等，都需要深入系统的研究。但现有研究仍以理论研究居多，实操层面探讨少；宏观谈论居多，微观研究偏少，缺乏可借鉴、可参考和成熟的技术与方法，特别是具有可操作性的方法、流程、量化指标及技术措施鲜见报道。这些问题均与干部教育培训工作联系紧密，是亟待解决的问题，也正是著者孜孜不倦地投入研究工作、撰写本书目的之所在。著者自2013年开始研究干部教育培训工作，对干部教育培训规律、理论与方法进行诸多思考，收集整理许多第一手资料，发表学术论文近20篇，逐渐对干部教育培训工作有了新的认识和启发。

本书将培训需求调查分析作为培训策划与实施的重要依据，贯穿于各篇章，着重研究探讨理论与方法、主要问题、对策措施，重点放在实操和应用方面。全书共分5章，第1章主要论述培训需求调查分析方法，探讨需求调查分析系统建设思路和方法；第2章阐述需求调查问卷的结构和内容，论述调查问卷规范设计原则和方法；第3章论述培训需求调研报告的类型、结构、内容，阐述规范写作方法；第4章论述培训课程规范化设计方法，研究提出从培训需求生成培训课程的评判标准，阐述不同类型培训班课程模块设计原则和方法，探讨培训课程智能化设计思路和方法；第5章重点论述培训班规范命名方法、培训组织实施创新方法，研究提出培训质量的量化评判标准。

本书将著者20年间的实践探索、深入思考和研究成果紧密融合到其中，经进一步提炼后完成，旨在为干部教育培训工作者提供参考，为相关研究提供技术支撑。由于著者水平有限，投入的时间和精力有限，研究仍然不够系统，书中难免有不妥之处。敬请广大读者批评指正。

2025年2月于北京

目　录

第1章 林业和草原干部教育培训需求调查

1.1 培训需求生成机制

教育培训是干部提高政治理论水平，提升管理能力，强化业务能力，增强综合素质的重要途径。党中央近年来对干部教育培训方面提出了新的更高的要求，出台了一系列条例和办法，推进了干部教育培训事业的规范化、制度化、科学化、精细化建设。

培训需求调查分析是保证干部教育培训质量和效果的前提性、基础性和长期性的工作，是关系到教育培训出发点和落脚点的重要课题，涉及培训目的、课程设计、培训师资、培训方式、教学方法以及培训效果等，也关系到培训组织方、参训学员、授课专家，是影响培训成功与否的不可忽略的要素，与培训各个环节密不可分。只有准确、科学、全面地把握需求才能实现培训目标，保证培训实效性和针对性。本节就如何把握干部教育培训需求问题，围绕方式方法，提出具体对策措施，旨在为提高培训针对性和实效性提供参考。

1.1.1 建立培训需求生成机制

目前，干部教育培训缺乏培训需求生成机制，一期培训班次的课程方案设计的依据是什么？培训需求如何生成？这是政策性问题，也是方式方法问题，需要建立相关制度，完善相关机制，出台相关管理办法，从制度、机制上，重视培训需求调查分析问题。应根据培训班次的性质，建立培训需求生成机制，提出需求调查目的、原则、内容、方式方法、程序以及要求等，使培训需求调查工作常态化，成为必须执行的一项程序，进而使培训需求成为设计课程方案的直接依据。

1.1.2 培训需求调查方式科学化

培训需求调查分析是一种技术，也是一门科学，进行培训需求调查分析需要掌握一些必要的知识和技术(中组部第三期 MT 班课题组，2003)。调查分析的方法很多，常用的就有问卷法、访谈法、考察法、绩效评估法、能力评估法、关键事件法、专项测试法、文献调查分析法、工作样本法等十几种(中组部第三期 MT 班课题组，2003)。

目前，主要通过调研、问卷调查、访谈、咨询等方式开展培训需求调查，但这些传统的方法具有很大的片面性和局限性。由于所调研地区、所调查对象，与实际生源地区及参加培训的学员存在较大差异，使培训需求对面向全国性的培训实际发挥的作用十分有限。因此，需要利用信息化的手段，解决培训需求调查分析问题。如开发培训需求调查分析系统，建立培训需求库(课程库)、师资库，有效提升培训需求调查工作效率。要求学员接到通知以后，登陆系统完成课程选择、授课老师选定工作，把自己需求及时提供给培训组织方。系统自动汇总分析学员需求，为课程设计提供重要的参考。

1.1.3　充分体现学员主体地位

1.1.3.1　平衡各方需求

根据培训班次性质、特点、对象、内容等，有机结合各方的培训需求。一是以组织需求为目标，包括组织单位要求、派员单位需求等；二是以岗位需求为导向；三是以学员需求为基点。在组织需求、岗位需求框架下，重视学员个性化需求、差异性需求、多样化需求，有效协调三种需求关系，平衡各方需求，提高培训实效性。

1.1.3.2　学员参与课程设计

为了提高培训针对性和实效性，需要改变封闭式课程设计方式，从由组织方安排培训班课程向学员自主选择、参与课程设计方式转变。建立培训组织方与学员之间的互动式、开放式交流机制，让学员参与到培训课程设计工作当中；让学员根据自己需了解的内容和需求在系统中进行选择和填写等，建立多样化培训需求库；将课程内容与学员兴趣点和知识结构相结合，从而满足广大学员的培训需求。

1.1.4　学员分级分类开展培训

培训需求差异与干部的知识结构和业务内容高度相关(上海市青浦区行政学院课题组，2015)。干部教育培训的另一特殊性是学员在教育水平、工作经历、学习动机等方面的差异性大，从而增加了培训课程设计难度。由于培训方案多属于在尚未确定具体参加培训的学员的情况下就已制定了授课内容、范围和形式等，使得培训内容设计和培训对象难免出现不相符的现象，存在课程设计和需求分析不同步，甚至需求分析滞后和缺失等问题。因此，需要采取以下措施。

1.1.4.1　制定培训对象精细化分类管理方法

明确培训对象问题，需要树立量化的观念。采取定性与定量结合的办法，进行培训对象精细化分类和管理，这是科学化、规范化的要求(中组部第三期 MT 班课题组，2003)，需要改变在办班通知中对培训对象的表述过于简单、模糊、不够具体的做法，避免造成培训对象过于灵活和多元化现象；须制定将培训对象精细化分类管理的方法，对培训对象进行进一步明确、细化、具体界定，建立培训对象要求的相关量化指标，提高培训对象的精准性；确保能招来符合条件的学员，以此进一步满足学员需求，提升培训实效性。

1.1.4.2　建立培训对象的筛选制度

鉴于实际参加培训的学员具有不可预见性、不确定性、人员水平参差不齐等问题，需要了解拟参加培训学员的背景情况。建立完善筛选审查学员的制度，将学员教育背景、工作经历、岗位变动以及培训学习情况等作为是否符合培训对象的重要参考，并以此进行分层分类培训。

在培训需求调查分析系统中，学员报名、提交培训需求时通过填写相关表格，如工作经历、培训情况、岗位变动等，“审查”其资格，系统自动判断是否符合本次培训班学员对象要求，从而使培训内容与对象更加匹配，以此提升培训班次整体效果和质量。

1.1.5　建立训后跟踪联络学员的机制

对受训学员的后续追踪服务，是检验培训效果的重要手段。对培训组织方来讲，一期培训班的结束并不是终点而更应该是另一个起点。目前，在干部教育培训跟踪、联络、反馈等方面基本未开展实质性的工作，需建立健全与受训学员的联系、评估回访机制，加强学员训后信息跟踪反馈工作，将学员受训后信息反馈给牵头管理部门，分人立档，以利于其保持联络和做好后续跟踪工作。通过跟踪联络、反馈学员的长效机制，促进、保持与学员的联系与沟通。

通过培训学员的评价以及反馈意见来改进、丰富和完善培训课程体系。学员回到工作岗位以后，将自己工作中遇到的问题、困惑、新的培训需求以及周边同事的培训需求等及时反馈给组织方。充分发挥学员在丰富、完善培训课程库中的特殊作用，将其作为培训课程体系创新的重要依据和来源。

1.1.6　小结

本节就干部培训需求，围绕需求生成机制、调查方式方法以及如何满足需求等方面提出了具体措施：

(1)从制度和机制上规范需求调查方法。根据培训班次性质，建立培训需求生成机制。

(2)利用信息化的手段科学把握培训需求，建立需求调查分析系统，提高工作效率。

(3)改变封闭式课程设计方式，从由组织方安排培训课程向学员自主选择、参与课程设计方式转变。充分体现学员主体地位，让学员参与课程设计，并作为培训课程体系创新的重要依据和参考。

(4)平衡各方需求，将组织需求、岗位需求和学员需求有效结合，提高培训实效性。

(5)制定培训对象精细化分类管理方法，建立培训对象要求的量化指标，依据学员教育背景、工作经历、岗位变动以及培训学习情况等建立培训对象的筛选制度，提高培训对象的精准性。

(6)建立健全与受训学员的联系、后续追踪及评估回访机制，检验培训效果。通过学员的后续反馈意见来改进和完善培训课程体系。

需求调研是实现干部教育培训按需施教的前提和基础，是增强干部教育培训针对性、实效性，提高培训质量的关键(王雄，2008)。培训需求生成方式并不是一成不变。根据培训内容、培训对象、班次性质，结合实际，采取多样灵活的方式，不断创新，完善相关机制，才能有效提升干部培训的实效性。综上所述，在经费保障的前提下，只要科学把握培训需求，精心设计，精细化实施，规范化管理，培训班必然会成功举办，并取得良好的效果。除此之外，如何调动学员主动学习的积极性，强化学习能力是不断提高干部队伍能力和水平的重要措施。通过培训，将引导学员，发挥示范作用，教会学习方法，指引学习方向和重点内容等。另外，还需不断鼓励学员通过自学来完成更多的方针、政策、理论和新知识的学习，激发干部学习热情，促进干部培训从“要我学”向“我要学”、从“忙工作没时间学”向“有计划选时间学”转变，并根据自己的实际情况自主选学(宋华，2009)，从而弥补学员在培训中满意度不高的问题，满足学员多样化培训需求。

1.2　培训需求调查分析方法

培训需求分析是调查与分析学员对培训内容和培训方式的期望等的过程(中华人民共和国国家质量监督检验检疫总局等，2011)，是决定培训成败的关键因素，其完成的优劣直接影响整个培训效果(俞姝，2013)。科学研究培训需求问题，才能更好地解决培训供给问题(戴玲，2021)。在国外，20 世纪 60 年代 Mcgehee 等(1961)提出了一种通过系统评价确定培训目标、培训内容及其相互关系的方法(王鹏等，1998)。到 20 世纪 80 年代，Goldstain(1989)使培训需求评价方法得以系统化。在国内，有关培训需求分析的规范研究起步较晚，从 20 世纪 90 年代末期才开始有零星报道(赵德成等，2010)。目前研究主要集中在干部教育培训需求调研实践(王雄，2008)、需求实证(戴玲，2021)、需求评价(王鹏等，1998)等方面，但培训需求生成机制(玉宝，2016)、培训需求调查分析的精准性以及与培训理念、目标的衔接性等方面缺乏系统性研究。本节论述当前在培训需求调查分析中存在的主要问题，探究其主要原因，提出需求调查改进的方法，旨在为干部教育培训标准化、规范化建设提供参考。

1.2.1　存在的主要问题

1.2.1.1　缺乏先进的培训理念

需求分析体现先进的培训理念，现代培训理念具有以学员为中心、以教员为主导的培训方式，以问题为中心的成人学习模式，以改变学员的行为为落脚点的培训目标等特点。先进的培训理念充分体现学员的主体地位，并注重学员的培训需求。但在当前的干部教育培训中对先进培训理念的应用率并不高。例如，从培训导向来看无明确的培训理念作为导向，从培训规划来看未能做到按需培训，缺乏科学有效的培训需求分析(俞姝，2013)。对以什么为培训导向、如何真正实现按需培训、如何有效评估培训效果以及培训成效如何应用等问题，有待深入研究和探索(俞姝，2013)。需要建立与时代发展相适应的干部教育培训理念和方法。例如，建立自主培训机制和“菜单式”培训模式，建立对培训学员的培训后跟踪机制，在干部教育培训中充分体现学员主体地位，等等。

1.2.1.2　培训目标实现度有限

需求分析体现培训方案科学性，一个培训方案涉及培训需求分析、确定培训目标、课程设计与开发、培训组织实施、培训效果评估等5个环节(赵德成等，2010)。其中，培训需求分析是确定培训目标、设计培训课程和实施方案的前提，也是进行培训效果评估的基础(赵德成等，2010)。在当前干部教育培训中，培训方案与培训需求不匹配，缺乏基于培训需求调查分析的培训方案制定机制，容易出现培训方案依据不充分的问题。例如，每期培训虽有清晰的培训目的，但培训目标不明确、不具体、较模糊和不合理是普遍存在的问题，导致培训目标实现程度十分有限，难以科学评估培训是否达到预期目标。其主要原因是未能正确处理培训需求调查分析与培训目标制定之间的关系，并与培训方式方法等实现目标措施间存在脱节所致。提升干部分析问题和解决问题的能力、推动事业发展是干部教育培训的起点，也是干部教育培训的终点，更是干部教育培训需求研究的立足点(于京天，2016)。围绕学员所关注的焦点、兴趣点和难点(陈东明等，2009)，进行培训需求分析，使得培训需求调查更加贴近学员的实际需要(陈东明等，2009)。在此基础上，本着以需求为导向，以指导实际工作为培训目标的原则组织培训，将获得更好的培训效果。

1.2.1.3 培训需求调查不够系统

培训需求调查并非是一蹴而就、一次性就能够完成，而是一项长期性的工作。一次调查培训需求难以解决把握培训需求问题，这种需求分析的结果具有不够全面、不够深入、代表性差，存在不具系统的问题。目前，培训班策划和课程设计时往往简单做一次需求调查分析后便进行方案制定和课程设计，因需求调查对象和参训学员的不一致性，在培训前调查分析的需求并非完全代表参训学员的实际需求，这导致课程设计有偏差、不科学，难以满足学员需求。因此，需要分层分类地全方位开展培训需求调查分析，尽可能地掌握参训学员需求，从而有效支撑培训方案制定和课程设计工作。另外，培训需求涉及多个方面，不能仅停留在培训内容等单一方面的需求，应对培训形式、师资队伍等方方面面的需求进行综合分析、系统研判，提高培训需求调查工作的科学性和系统性。

1.2.1.4 培训需求分析不够精准

因前期的培训需求调查分析工作不充分和不规范，后期会出现培训内容与实际需求不符、培训针对性不强、培训实效性差等问题。导致这些问题的主要原因是培训需求分析方法不够科学、不精准，对组织需求、岗位需求和个人需求之间的相互关系未深入理顺、把握不系统。例如，将培训需求分析简单等同于自我报告式的培训愿望分析，简单地从绩效差距识别培训需求等情况。自我报告的需求未必都是真正有意义的培训需求(赵德成等，2010)，发现绩效差距不是需求分析的终点，而只是发现真实培训需求的第一步，分析差距形成的原因后才能找到真实的需求。因此，为确保培训需求分析的有效性，必须把需求调查分析做到科学性和专业化。

1.2.1.5　对培训需求调查不够重视

培训需求是培训课程设计与组织的重要依据，是干部培训质量评估的重要组成部分，培训需求调查分析是科学、规范组织干部培训的重要措施(陈东明等，2009)。但是，在当前的培训工作中，在未深入调查分析需求的情况下，设定培训目标、设置培训课程的现象屡见不鲜。其结果是培训内容难以满足学员要求，设计的课程缺乏依据、不符合实际需求，培训质量达不到预期目标等。造成以上问题的根本原因是培训需求调查分析未得到足够重视，例如，将培训需求调查分析不作为培训策划设计的依据，淡化培训需求调查分析在培训目标制定、培训课程设计、培训方式、教学方法、培训质量评估中的重要作用，对培训需求调查分析的研究不深入，对培训需求调查分析方法的创新性不足，等等。

1.2.2　需求调查分析的原则与方法

1.2.2.1　树立以学员为主体的培训理念

学员是政策执行者和落实者，也代表生产实际，准确把握学员实际需求，对确保培训质量和推动事业发展极其重要。但是，学员素质能力、工作经历、知识结构因人而异，参差不齐，需要具体问题具体分析，分层分类调查培训需求，便于做出科学判断。为了解决培训需求多样化、不够集中的问题，培训需求的调查分析工作可以在培训工作的不同阶段进行。可分为培训前调查和培训中调查，相应地将调查对象分为非参训学员和实际参训学员，但各阶段调查目的、作用以及所产生的实际效果不尽相同。培训前调查，即非参训学员需求调查，可在较大范围内开展调查，需求调查结果反馈在培训主题和重点内容方向。培训中调查，即参训学员需求调查，可直接聚焦微观层面，了解需求，但这也分两种情况：一种情况是学员报名以后进行第二次调查，需求反馈至本次培训课程内容安排；另一种情况是在报名时未进行第二次调查的情况下，对正在参训的学员进行补充调查，需求反馈于下次培训班主题和重点内容方向上，为进一步改进培训组织形式、培训内容、教学方法、授课专家等提供重要参考。综上所述，必须坚持以学员为主体的培训理念，走“从群众中来到群众中去”的“群众路线”，处理好被动受训和主动参训的关系，让学员主动参与培训全过程，充分发挥学员主体作用和主动性以此精准了解需求，更好地满足其需求。

1.2.2.2 处理好不同类型需求间关系

培训需求调查涉及培训项目立项、培训策划设计、培训组织实施、培训评估、跟踪反馈等各个环节和全过程。对不同培训需求应采取不同的调查方式。干部教育培训需求从不同角度分为不同类型。从需求来源角度分为组织需求、岗位需求和个人需求等三类(王雄，2008；于京天，2016)。这一分类的依据是 1961 年由 Mcgehee 等(1961)提出并在 20 世纪 80 年代由 Glodstain(1989)发展形成的“三层次分析模型”，这是现代干部教育培训需求分析的重要理论基础(戴玲，2021)。从发展的角度分为显性需求和隐性需求，随着形势任务发展，显性需求和隐性需求会不断变化(戴玲，2021)。从内容的角度分为知识、能力、态度三个方面需求，这是基于教育学布卢姆教育目标分类学与现代人力资源开发“KSA 原则”(戴玲，2021)进行分类。

无论何种培训需求，它们都直接指向促进事业发展这一根本目的(于京天，2016)。组织需求是前提，岗位需求是核心，个人需求是基础(王雄，2008)。图 1-1 中表示三种需求间关系，在分析组织要求(A)、工作岗位要求(B)、个人目标要求(C)与干部素质能力现状(D)差距的基础上，分别分析出组织需求(AD)、岗位需求(BD)和个人需求(CD)。通常组织需求、岗位需求和个人需求等三种需求交织在一起，有一部分是一致的、重合的、具有共性部分(图 1-1)，这是我们需要掌握的核心需求，只要了解了这一部分需求，所有需求问题会迎刃而解，也解决了不同需求交叉混淆的问题。当然，因不同培训目的、培训目标、培训对象的班次，需要重点掌握的需求不同。例如，岗位能力提升培训，可能重点放在 BD 部分，以此类推。

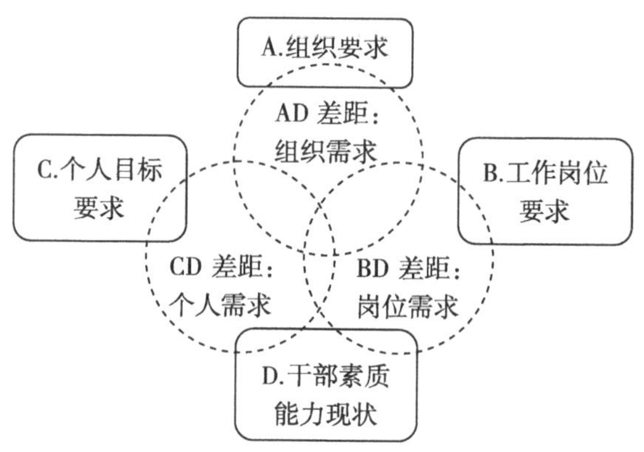

图 1-1　培训需求类型及关系

1.2.2.3　采用科学的调查分析方法

在培训管理中，常用现有数据分析、专家分析、任务分析和需求分析 4 种技术。其中，需求分析是一种较全面收集信息的技术，可以为培训效果评估提供依据，通过对比参训学员培训前后的变化，从而客观评估培训的效果和影响力(赵德成等，2010)。培训需求调查模式有多种，目前最为经典、最有影响力的培训需求分析模式是组织、任务、人员分析模式和绩效分析模式两种(Mcgehee et al，1961)。其中，绩效分析模式是分析差距产生的原因，从而识别培训需求。但不是所有的绩效差距都可以转化成培训需求，只有绩效差距是由于知识与技能欠缺导致，而不是由于其他因素的影响所致时，方可将其视为培训需求(赵德成等，2010)。常见的培训需求调查方式为问卷调查(刘宏等，2006)、座谈讨论或交流(戴玲，2021)、访谈(电话访谈、个别访谈、集体访谈)、观察、专家咨询、文献检索法(刘宏等，2006)，等等。其中，问卷调查方法使用最广泛、效果最突出，它揭示出的信息更具可比性(王鹏等，1998)。但目前存在调查问卷的设计主要凭经验判断，缺乏理论支撑和科学技术手段的运用，调查结论同质化，成果的科学性、学术性不佳(戴玲，2021)等问题。因此，调查问卷设计方法和技巧以及调查问卷的科学性、有效性和代表性极为重要。在当今网络信息化时代，培训需求调查方式有了足够的拓展空间。例如，利用各种软件、小程序、网络平台、客户端等手段，能够以更加便利、更加高效、投入成本更低的方式调查分析培训需求，将有力提升工作效率。

1.2.2.4 培训目标符合培训需求

学员针对同一个培训主题所提出的需求会因人而异，出现较大差异的现象理所当然。当培训需求出现多样、分散、难以统筹兼顾的情况下，无法制定明确的培训目标，不能以“一锅烩”的方式组织培训。因为至少部分培训内容不符合部分学员需求，这些内容对一部分学员来讲没有必要学习，这是我们需要解决的问题之一。因此，应建立培训需求生成机制(玉宝，2016)，将需求分析结果反馈至培训目标，即根据实际需求制定与其相适应的培训目标，使每个培训课程充分体现培训对象、培训需求、培训目标，三者高度统一。可以将学员提出的需求经过深入分析后进行分门别类，据此详细划分培训对象类型，分层分类组织开展培训(玉宝，2016)。例如，将学员素质能力现状、学员提出的培训需求、培训目标等有机结合，判别该学员是否符合本次培训对象范畴，如果符合则参加本次培训班，反之则不适合参加本次培训班。这样，培训内容就能够满足大部分学员需求，有利于解决因仅满足部分学员的需求而针对性不强的问题。

1.2.2.5 培训形式符合培训需求

在干部教育培训中必须强化培训需求调查成果的应用。例如，将培训需求分析结果反馈至培训形式。培训形式包括培训方式和教学方法等。培训方式分多种，常见的有面授、自学、集中培训(集中讲授)、分段培训、网络培训、影子培训、集中脱产培训、非脱产短期培训、请进来与送出去、实地调研，等等。培训方式对培训效果有重要影响，采取符合学员需求的培训方式更容易实现培训目标。应根据培训需求、培训目标、培训主题、培训对象、培训内容确定培训方式，避免“一刀切”。在培训策划前应考虑采取何种培训方式，即是采取统一组织培训还是以学员自学方式这一根本性和必要性的问题。学习能力是各级干部最重要的核心能力之一，每位干部均具备一定的学习能力和研究能力，有些内容完全可以自学的方式完成。因此，在什么情况下统一组织培训，在什么情况下自学方式培训，应有明确界定并区别对待。无论采取何种培训方式，都应符合培训需求。

培训需求涉及多个方面，包括培训内容(包含现场教学内容)需求、培训方式需求、教学方法需求、授课专家需求、培训资源需求

（自学教材、参考资料、网络学习等），等等。因培训对象的知识结构、素质能力的不同，对上述需求会有较大的差异。在干部教育培训中应高度重视学员的主体性和自主性，采取学员参与式课程设计，更能够发挥学员的主体性（玉宝，2016），合理搭配必修课和选修课比例、采取灵活多样的组织形式和教学方法更能体现学员自主性，更好地满足学员多样化需求，从而取得事半功倍的培训效果。例如，增加参与性、体验性、案例性、模拟性强的课程，综合运用学员论坛、分组研讨、座谈交流、学术沙龙等组织形式，培训师资从多个渠道、多个层次遴选（行业领导干部、科研院校专家学者、生产企业负责人、生产一线技术工人等），综合运用讲授式、研讨式、案例式、模拟式、体验式、研究式、互动式、专题调研、专题报告等教学方法。

1.2.2.6　将需求调查纳入质量评估体系

培训需求调查分析是实现干部教育培训按需施教的前提和基础，是增强干部教育培训针对性、实效性，提高培训质量的关键（王雄，2008）。现代培训强调完整的培训体系，可看作是一个培训需求分析—培训设计—培训实施—培训评估—新的培训需求分析的不断循环的过程（俞姝，2013）。将培训前进行的科学需求调查分析纳入培训质量评估体系之中，使之成为培训质量评估体系的重要组成部分，能够有效弥补传统培训质量评估中的不足。通过质量评估体系，确认培训选题、培训目标、课程设计、教学方法等是否符合培训需求，也可以追溯培训质量问题原因，以此科学评价培训实效。因此，提高干部教育培训实效性，主要看能否紧紧抓住干部培训的需求信息，以需求为导向设计培训班次、确定培训内容、选择培训方式、组织教学活动至关重要（刘宏等，2006）。真正的培训质量评估是以培训是否满足学员的学习需求为标准，并将其作为今后各个专题培训班课程调整的参考依据(陈东明等，2009)。

1.2.3 小结

需求调查分析是提升干部教育培训质量，确保培训实效的重要措施。本节分析了当前需求调查分析中存在的突出问题，并在探讨培训需求与培训策划设计、培训组织实施和培训质量评估的关系基础上，提出了对策建议以及科学调查分析方法，以期为干部教育培训规范化、标准化、专业化建设提供依据。笔者认为，应充分发挥需求调查分析在培训中的重要作用，科学利用需求调查分析成果；树立以学员为主体的培训理念，建立需求生成机制，利用“三层次分析模型”科学分析需求，将需求调查分析纳入培训质量评估体系，使培训各环节与培训需求有效衔接、相适应，从而提高需求调查分析的科学性、精准性和规范性。

培训需求调查分析是确定培训必要性和培训目标、内容的过程(中华人民共和国国家质量监督检验检疫总局等，2012)，是整个培训工作的起始环节。因此，科学开展培训需求分析具有重要意义。在干部教育培训中必须重视需求调查分析，没有需求，就没有培训，没有对培训需求的研究，无从谈起教学计划的设计(于京天，2016)。培训谁，培训什么，怎么培训，始终是培训工作的核心问题(刘宏等，2006)。培训工作能否取得实效，主要取决于培训设计、组织形式、培训内容和方式方法等是否符合干部内在需要(刘宏等，2006)。目前培训需求调查分析存在创新性不足、不够精准、成果应用不当、成效不显著等问题，需要改进传统的需求调查分析方法，提高调查分析科学性，精准把握培训需求。干部培训工作是一项任务，更是一种责任(刘宏等，2006)，培训课程的安排需抛开经验方式，采取科学方法，秉持以学员为主体的培训理念，把培训需求贯穿于整个培训过程和各个环节才能满足学员的需求。干部教育培训相关参与者(培训项目设计者、计划制定者、具体组织者、教员、培训管理者)深入了解和研究培训需求(于京天，2016)，这样才能从根本上提升培训质量。

1.3　培训需求调查分析系统

培训工作中，最难、最基础而又最重要的工作之一是科学把握培训需求。作为培训的首要和必经环节，需求分析是确定是否需要培训、培训内容及如何培训的一种活动或过程(丁卫泽等，2010；赵德成等，2010)。在国外，20 世纪 60 年代 Mcgehee 和 Thayer 等人提出了一种通过系统评价确定培训目标、培训内容及其相互关系的方法。到 20 世纪 70 年代，形成了培训需求评价(Need Assessment of Training)。20 世纪 80 年代，Goldstain 使培训需求评价方法系统化，提出培训需求评价应从三个方面着手，即组织分析、任务分析和人员分析(丁卫泽等，2010)。最具经典、有影响力的培训需求分析模式有绩效分析模式(Performance Analysis Model)和组织-任务-人员分析模式(Organization-Task-Person Model)等(Taylor et al.，1998)。

在国内，有关培训需求分析的规范研究起步很晚，20 世纪 90 年代末期才开始，对培训需求分析的认识是模糊的(赵德成等，2010)，还存在片面、不科学之处，需要进一步的规范化。过去培训需求分析研究集中在公务员培训(王健等，2010；王丛漫等，2010)、企业培训(陈小兰等，2009)、成人教育(陈锦雄，2000)、教师培训(丁卫泽等，2010；赵德成等，2010；周海涛，2010)等。关于干部教育培训需求调查分析系统的开发研究未见报道，目前仍是空白。有必要深入研究把握培训需求的方法，这对提高干部教育培训质量，推进干部人才队伍建设，干部教育培训专业化、科学化组织管理等方面具有重要意义。本节针对当前干部教育培训需求调查方式现状，分析其问题和不足，阐述建立培训需求调查系统的必要性，提出干部教育培训需求调查系统开发思路、设计方法、框架结构、主要功能以及运行方式等，为解决干部教育培训需求调查、课程开发，确保培训针对性和有效性，提供参考和技术支撑。

1.3.1 培训需求调查方法现状

1.3.1.1 调查方式

完整的培训需求分析应从组织分析、任务分析和人员分析三方面进行(丁卫泽等，2010)，将确定的培训需求转换为培训目标。一个明确的培训目标，既可用来规定培训内容，又可用来作为评价培训效果的基准(陈小兰等，2009)。培训需求主要分为组织需求(培训主管部门、主办方所提需求)、工作岗位需求、个人成长需求等，对不同培训需求理应采取不同的调查方式。但目前调查方式大同小异，具有共性。例如，继续教育培训需求调查形式分为普遍调查、抽样调查、典型调查、重点调查和个别调查等5类，调查方法分为文献调查法(看档案、统计材料)、访问调查法、集体访谈法(如召开座谈会)、问卷调查法等(陈锦雄，2000)。

目前，干部教育培训需求调查方式也不例外，主要采取问卷调查、走访调查、座谈交流等方式。培训需求分析是干部教育培训的最关键的环节，是设计和制定课程的重要依据。但当前对培训需求调查重视不够，更多体现在主要按照上级主管部门要求，制定培训方案，设置培训课程，实施“被动式”培训。对学员培训需求和内容方面未进行深入分析研究，培训中缺少自主性和选择性，“被培训”的情况比较普遍。自上而下地设计，侧重于分析时代趋势、传播思想观念、解读法规政策等，而且以干部培训为主。这就要求建立自主选学的培训机制，保障学员学习选择权(周海涛，2010)。

1.3.1.2 存在的问题

培训需求分析是确定培训目标、设计培训课程和实施方案的前提，也是进行培训效果评估的基础。只有高度重视并扎实做好培训需求分析，准确识别培训需求，才能使培训真正具有针对性与实效性(赵德成等，2010)。目前，我国干部教育培训往往强调需求的统一性、总体性，忽略地区差异性，忽视学员层次、类别的个体差异问题，使培训需求分析停留在表面层次上，缺乏对学员自身知识、能力需求分析和岗位需求分析(王健等，2010)。干部教育培训班类型为多种(表 2-1)，但最常见的为岗位培训(岗位职责所需专题培训)和素质能力提升培训两种。前者主要按照上层工作要求设计即可，但上层的培训要求不一定符合个人培训需求。因此，寻找两者结合点是关键。目前的培训需求调查方法存在片面性和偏差，不具代表性。仅凭个人或工作组的主观经验来揣度、分析培训需求，并据此设计与开发培训课程的情况，也不同程度地存在(赵德成等，2010)，缺乏科学性、专业性与规范性。

培训需求分析尚未得到足够的关注，无法保证培训的准确、及时和有效。领导干部的培训有诸多共性特点，但业务干部的培训需求更具多样化和明显的个体差异。其中个体需求不容忽视，根据本人学历、专业背景、工作经历、工作岗位和自身素质能力特点具有独特的需求。个人能力的提高是完成好岗位工作、工作任务、适应能力的重要保障，也是满足事业发展对个人能力提高的需要。这些需求往往不被重视且难以得到满足。目前的培训需求调查方式，无法客观、全面地反映不同培训对象的培训需求。

1.3.2 开发培训需求调查系统的必要性

通过传统方式开展培训需求调研，无论是调研范围还是调查样本数量，调研所能覆盖的面十分有限，培训需求全面性的深入把握不够，受制约的因素很多，不能全面获得基层一线人员的真实培训需求。如个体差异较大、不具代表性、零散、不具系统性等，而且耗费大量人力、物力和财力。若能够让基层单位把自己的需求主动提出来，一方面能够覆盖面广，代表性强，比较系统；另一方面能够抓住关键和大的问题，更容易把握实际需求。

随着国民经济社会的可持续发展，越来越需要复合型人才。这也对干部教育培训质量和效果的要求越来越高，必须科学把握培训重点内容和培训方式才能满足深层次的培训需求。目前对培训需求分析不够重视，或者方法单一，过于简单，过于依赖组织要求和需求，不够科学性，创新性不足，需要深入全面分析，必须注重干部教育培训需求量化分析技术的应用。所以，建立上下联动机制，从国家到基层，把从上而下和从下而上的双向机制有效兼顾，要求和需求有机结合，使点变为线和面，才能使局部变为整体并甚至变为系统性。

目前在有些行业的干部教育培训中，越来越重视自主培训、“菜单式”培训模式。“菜单式培训”具有自主性、实用性特点，能够降低培训成本，提高培训效益（王健等，2010；王丛漫等，2010；

周海涛，2010）。尽管有学者提出自选培训机制，建立培训需求调查网站（王丛漫等，2010），但具体如何进行自选并未深入研究。有必要深入探讨建立培训内容和培训需求库以及培训需求统计分析生成系统的方法。该系统除了具有在既定计划内的行业培训班中能够充分发挥培训需求调查的科学性、提高培训质量和效果的作用之外，在各类自主开发的培训班次中也会发挥重要作用，能够将上层培训要求与基层培训需求有机结合。这也符合干部教育培训信息化、落实培训质量管理的具体体现，也可作为编制人才培训中长期规划的重要参考依据。

1.3.3　培训需求调查分析系统设计

1.3.3.1　培训需求库

在该系统中，可根据干部教育培训目的和目标设置针对不同培训对象的培训需求库，并使其尽可能地细化，基本涵盖所有学员的需求，这样学员很容易找到（可搜索）自己想学的内容。因此，通过建立培训需求库，不断填充培训大纲和丰富培训内容非常重要。当学员从培训需求库中未找到自己感兴趣的学习内容时，可以让学员填写需求的具体内容和方式等，弥补培训需求库的不全面，以此不断完善、扩充培训需求库。同时，将需求库和培训师资库等有效对接，满足学员对师资方面的需求。例如，根据国家中长期人才发展规划和全国干部教育培训规划，结合行业生产工作需要，可设置分生产领域、学科、专业，或岗位培训、初任培训、任职培训、专题培训、知识更新，以及短期培训、长远学习计划等多样化的需求库。也可设置专题班次的需求库（图 1-2）。

根据对学员培训需求的统计分析结果，设计培训课程、聘请讲

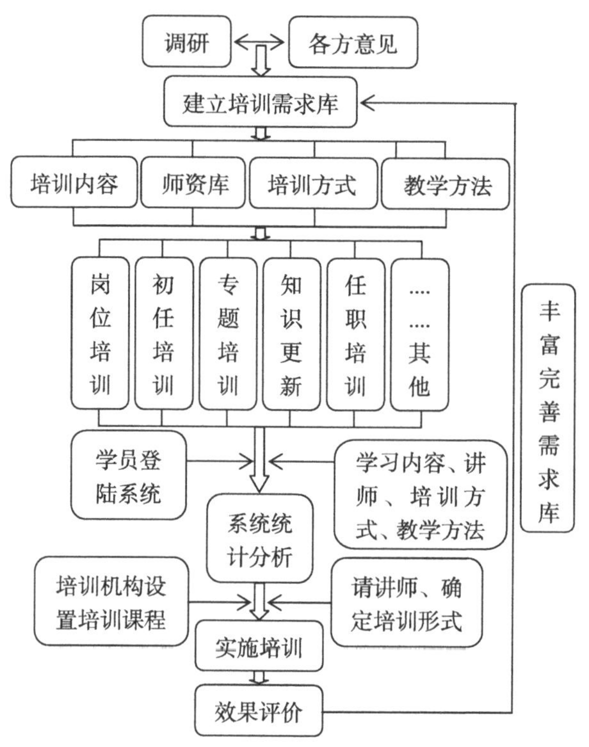

图 1-2　培训需求调查系统结构与流程

师、确定培训形式、选定教学方法等，可有力提高把握培训需求的全面性、普遍性和效率性，科学真实地反映需求问题，真正确保培训的效果和质量。该系统具有对统计分析结果清零的功能，这样可以分成具体培训班次单独进行统计分析，更具有针对性，成为每期培训班课程设计的重要参考依据。

1.3.3.2　培训师资库

建立涵盖适合不同培训对象的师资队伍，并将其按照专业领域、工作经历、主要经验以及主要成果等简介信息录入系统内，供学员选定。师资队伍应包含行业领导干部、高校学者、科研院所专家、生产一线工作者、生产经营企事业单位负责人和技术骨干等，尽可能满足学员对授课专家的需求。

建立师资库以后，并不是既定不变，而是根据实际培训工作，不断扩充和完善的过程。可再设立师资库管理子系统，规范化管理师资队伍，建立授课专家注册准入机制和撤销资格的机制，从而不断优化师资队伍。以学员对授课专家的总体评价、满意度、反馈意见作为调整师资队伍的重要依据，根据授课专家在规定期限(例如，1~2 年)或规定期数(例如，5~10 期)内培训班上的总体表现、评价得分分数高低、学员总体满意情况，进行优先排序，评价好的授课专家优先担任授课教师。对评价较差的授课专家，从师资库撤销其资格，再更换新的授课专家，从而组建优秀的师资队伍，更好地满足学员各类需求。

1.3.3.3　培训形式

在系统中可以设置针对不同培训对象、培训主题、培训内容和培训目标的培训方式，如讲座、现场教学、案例分析、讨论式、实习、实地考察、角色扮演、辩论、头脑风暴、情景模拟、网络培训等。培训学员提交培训需求以后，可再选择自己感兴趣的培训形式(图 1-2)。也可以让学员对培训班某一环节的组织形式进行选择，根据学员自由选择的结果，再决定采取何种培训形式，以便取得更佳的培训效果，并根据学员对培训形式的评价和改进意见，不断创新培训方式方法，丰富培训形式的多样化，满足学员要求，提高培训的效果。

1.3.3.4　统计分析

学员可以自由的登陆系统并录入或自由选择自己感兴趣的培训内容、选择授课专家、选定培训形式、评价培训课程设计、评价教学情况、评价组织管理情况、评价后勤服务保障情况等。该系统能够自动统计分析，根据需要生成各类相应图表。培训机构管理人员能随时看到统计分析结果，将其作为培训课程设计、授课专家选聘以及培训形式确定的重要依据。统计分析的内容可以多个方面，可自由选择各类统计表格的生成。例如，培训课程的选择、授课专家的选定、培训形式的选择、学员信息情况(生源、学历学位、技术职称、工作经历、工作岗位、专业背景、研究领域、参加培训情况)等，实现高度自动化，为快速科学决策提供极大便利。

1.3.4 系统应用

在培训班具体实施时，培训前30天正式发出举办培训班的通知或公函，并附上该系统使用操作方面的简介。要求参训学员收到通知以后，在规定期限内把自己的培训需求通过系统来选择或提交，培训机构管理人员跟踪观察学员需求提交情况，确保学员需求信息的准确性、完整性和及时性。全部参训学员提交需求之后，导出培训需求统计分析结果并进行组织讨论研判，将系统的统计汇结果作为培训课程设计的重要参考依据。确定培训需求以后，结合培训目标以及上级主管部门意见，正式设置培训课程。培训前20天开始联络聘请授课专家，并确定培训主要形式和教学方法等。

培训班结束时，征求学员对本次培训的总体评价意见，将其作为补充、完善培训需求库的依据，安排专人及时完成培训需求库的更新和完善等工作。通过循环式调整和完善，丰富培训内容，优化培训师资队伍结构，改进培训方式和教学方法，提升培训质量，提高培训针对性和实效性。

1.3.5 小结

本节分析当前干部教育培训需求调查方式的问题和不足，阐述开发培训需求调查系统的必要性，提出开发该系统的思路、设计方法、框架结构、主要功能以及运行方式等。目前，对于部教育培训需求调查重视不够，调查方法不科学，存在片面性和偏差，不具代表性，培训需求分析仍停留在表面层次上，缺少自主性和选择性。领导干部的培训需求有诸多共性特点，但业务干部的培训需求更具多样化和个体差异特点。目前，培训未把学员自身知识、能力和岗位需求分析有机结合。传统的培训需求调查方式无法客观、全面地反映不同培训对象的需求，培训内容与实际需求仍有较大差距，需要建立自选培训机制，构建自主培训和“菜单式”培训模式，开发干部教育培训需求调查分析系统。这样才能够科学把握培训需求，使培训更具有效率和针对性。学员通过该系统很容易找到自己感兴趣的学习内容、授课专家、培训方式和教学方法。该系统将自动统计分析并生成相应图表，将其作为确定培训课程、授课专家、培训形式和教学方法的重要依据。经过实际培训，可不断扩充和完善培训需求库，长此以往，也可为编制中长期人才培训规划提供重要参考。

第2章

林业和草原干部教育培训需求调查问卷设计

调查问卷是搜集资料的一种工具，是一份设计好的问题表格，用于测量人们的意见、态度等意识及特征(石正华，1994)。调查问卷具有成本低、效率高、灵活性强的特点，能够节省时间、经费和人力，有较好的匿名性，可减少主观因素的影响，所得资料便于定量化分析(石正华，1994)。高质量的问卷是问卷调查成功的关键，问卷设计是否科学、合理直接影响着整个调查研究的质量。科学设计一份调查问卷是一个复杂的过程(李春霞，2009)，除了熟练掌握设计调查问卷的通用规律之外，还要准确把握调查目的、调查对象特点、调查内容等诸多要素以及它们之间的关联性。

培训需求调查问卷的结构和内容方面与其他类调查问卷有共性部分，但它还具有培训对象的多类型、多层次，培训内容涉及面广、专业性强等显著特点。目前，关于调查问卷设计的研究主要集中在两个方面：一个是设计调查问卷的通用规律、基本原则和方法(石正华，1994；崔奇等，1998；傅志远，2003；吴雁平，2005；周恩荣，2008；李春霞，2009；艾尔·巴比，2009；弗洛德·J·福勒，2010；倪建春，2011)。另一个是用于某专题调查的问卷设计方法(王亚明，2004；黄娟娟，2015)。但针对干部教育培训需求的调查问卷设计研究鲜见报道，目前的研究尚不够系统，需要深入研究探讨。本章主要探讨基于干部教育培训需求特点的调查问卷设计方法，为培训需求调查相关研究以及干部教育培训规范化建设提供参考。

2.1　调查问卷结构

一个完整的调查问卷通常由标题、导语、问题、答案和落款等部分构成(吴雁平，2005)。标题是调查内容的概括表述，通常应包括时间、区域、范围、内容等要素(吴雁平，2005)。拟定标题时要力求简练、精确，标题与调查内容要相称。导语又名说明或答题指南(吴雁平，2005)。导语应简短明了，主要包括称谓，说明调查的目的、调查对象、题型、答题方法、调查的人或组织的身份以及调查日期等(黄娟娟，2015)。问题是调查问卷的核心与主体(吴雁平，2005)。问题的具体内容随着调查对象和目的不同而不同。落款包括调查问卷的制发机构名称、制发时间、调查者姓名、问卷填写时间等内容(吴雁平，2005)。调查问卷的每个结构部分都具有它的目的和意义。

干部教育培训需求调查问卷与其他类型的调查问卷有所不同，其结构因调查对象和重点内容的不同而不同(中央社会主义学院课题组等，2011)，一般由前言、基本情况、需求部分、征求意见、其他等部分组成。这些结构部分都应是问卷本身的有机组成部分，都必须有密切联系，不可分割，且既能满足调查目的需要，也能适合调查要求及问卷填写者情况(石正华，1994)。前言部分，主要告知问卷调查的目的以及相关说明，语言要简练，文字不宜多，能说明问题即可。基本情况部分，主要对干部身份信息进行分类，包含干部岗位性质、专业背景、从事工作年限、职务职称等。需求部分，包含政策类、专业技术类、管理类等教学内容的需求，以及培训方式、教学方法、师资组成方面的需求等。征求意见部分，包含对改进当前干部教育培训工作的意见和建议等。问卷结构不是一成不变，而是根据调查的目的和目标来增减或调整，从调查研究的需要来设计的。

2.2 调查问卷内容

调查问卷的核心内容是需求部分，即干部对培训内容、培训方式、教学方法和师资方面的需求。其中，培训内容的需求为重点和难点，与干部岗位性质与个人素质能力密切相关。干部教育培训需求从不同角度分为不同类型。从需求来源角度分为组织需求、岗位需求、个人需求等三类。从内容的角度分为知识、能力、态度三个方面需求。这三者关系为组织需求是前提，岗位需求是核心，个人需求是基础。通常组织需求、岗位需求和个人需求等三种需求交织在一起，其中有一部分是一致的、重合的，具有共性部分，这是我们需要掌握的核心需求。在分析干部素质能力现状与组织要求、工作岗位要求、个人目标要求的差距基础上，分别获取组织需求、岗位需求和个人需求。因此，无论掌握何种需求，首先必须分析干部基本情况，了解干部目前的素质能力现状。

在基本情况中主要识别干部类别(表 2-1)，可以依据工作岗位、级别(职务职称)、学历、工龄、专业背景、教育培训情况等进行分类。对每项分类依据再进行详细分类，设定答案选项识别干部类别。表 2-1 只挑选了主要类别，实际类别不仅限于此。

表 2-1 培训干部分类

序号	分类依据	类别
1	工作岗位	管理干部(党员领导干部、领导干部、一般干部)；业务干部(专业技术人员)；新任职领导干部；新入职干部(含军转干部)等
2	级别(职务、职称)	科级及以下；处级；厅级等。初级职称；中级职称；副高级职称；正高级职称等
3	学历	大专及以下学历；本科学历；研究生学历等
4	工龄	工龄 5 年以下；工龄 5~10 年；工龄 10~15 年；工龄 15 年及以上等
5	专业背景	专业干部；非专业干部等
6	教育培训	2~3 年内未参加培训；4~5 年内未参加培训；6~10 年未参加培训等

培训需求部分较为复杂，需要根据干部类别设置问题和答案选项。以岗位培训为例，其培训目的和目标是通过按岗位规范进行培训，提高政治理论和业务能力，学习现代管理理论和经验方法、政策法规、规章制度、必备通识和岗位所需业务知识，提升专业技能和岗位胜任力。因此，对这一类型的培训班，干部培训需求主要围绕岗位需求设置问题和答案选项即可。岗位培训课程模块一般包括政治理论、重点任务落实、岗位能力建设、实践探索、工作交流等。但设计每个模块的目的不同，其适用的教学方法也不尽相同(表 2-2)。不同干部对同一模块内容的选择也会千差万别。因此，需根据上述目的进行设计问题和答案选项。常见的培训方式有面授、自学、集中培训(集中讲授，集中脱产培训、非脱产短期培训)、分段培训、网络培训、影子培训、请进来与送出去、实地调研等。目前在干部教育培训中常用的培训方式为面授、集中脱产培训、网络培训等。

表 2-2 岗位培训课程模块

课程模块	主要目的	适用教学方法
①政治理论；②重点任务落实；③岗位能力建设；④实践探索；⑤工作交流；⑥自学	①学习贯彻党中央决策部署及指示批示精神；②掌握政策要求，了解当前形势与重点任务；③掌握与岗位规范相匹配的业务知识和专业技能，提升岗位胜任能力；④学习典型经验做法；⑤交流工作中面临的共性问题及其解决途径；⑥通过选修满足个性化需求	①讲授式；②讲授式；③讲授式、案例式、翻转课堂、互动式、研究式、现场教学；④案例式、讲授式；⑤交流研讨、分组讨论、经验交流；⑥布置作业、读书、查阅资料、翻转课堂等

2.3 需要把握的几个问题

2.3.1 问卷调查目的目标应明确

调查问卷内容与调查目的目标应相匹配。调查问卷的内容以明确调查目的为基础(周恩荣，2008)。调查目的和目标明确后才能科学评估问卷调查效果，更好地研判是否达到预期目的。设计培训需求调查问卷是一项技术性较强的工作(图 2-1)，问卷设计质量对调查成败影响极大(倪建春，2011)。调查问卷只有确定了调查目的，才能“有的放矢”地制定调查方案，确定调查对象，拟定调查项目，组织完成调查任务(崔奇等，1998)。

首先，根据调查目的和调查对象来设计科学、实用和有效的调查问卷。在此情况下，能够确保问卷问题和答案选项更加精准。问卷填写者对每个问题都能选出想要的答案，轻松且较短时间内完成问卷填写任务。其次，问卷目的涉及问卷调查对象、问卷内容以及问卷结构等。有了明确的目的以后，围绕目的设计问卷要素，才能够形成一份精炼、高效、科学的问卷。最后，紧密融合问卷调查目的和目标。问卷调查目的是回答为什么开展调查的问题，而通过问卷调查达到什么程度是涉及调查目标的问题。目的和目标既有关联

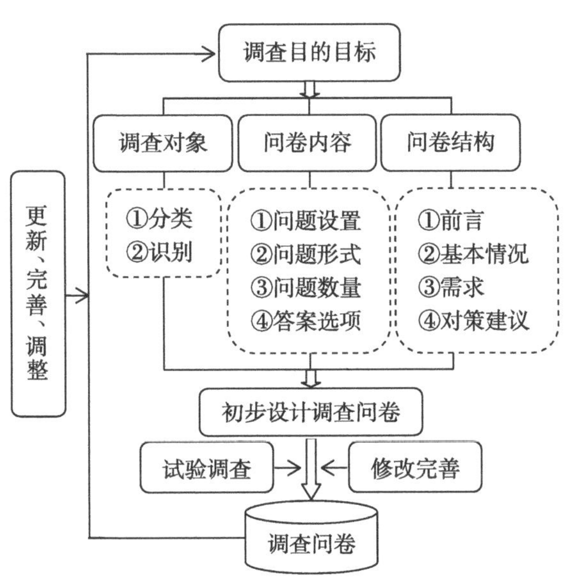

图 2-1　调查问卷设计技术路线

又有区别，目的可以较宏观，但目标需要具体，形成明确的目的和目标后，聚焦目的和目标进行整体设计，才能使问卷设计更加系统化。

2.3.2　问卷内容符合调查对象

对调查目的、方法和对象的透彻理解是问卷设计成功的前提（王亚明，2004）。只有对调查目标有清晰全面的认识，才能把握好调查问卷内容这一核心要素。干部教育培训需求调查问卷是一项专业性较强的问卷类型，不同的培训对象因岗位的不同，其涉及的问卷内容和设置的问题有较大区别。因此，在问卷问题和答案选项设置时需要由专业背景的人员来设计，从而确保问卷内容与调查对象相对称。

首先，了解调查对象的特点，掌握组织要求、岗位要求对干部能力素质和履职能力的要求。不同的调查对象所关注的问题不尽相同。因此，问卷设计时所设计的各类问题必须与调查对象紧密结合，做到设计者提出的问题与调查对象所关注的问题高度一致，所提问题与填写者身份紧密相对应，这样才能设计出高质量的问卷。其次，需要筛选对象，提高回答效率(倪建春，2011)。问卷填写者多层次、多类别，包括管理干部(党员领导干部、领导干部、普通干部)、业务干部(技术人员)、专业干部、非专业干部、新入职干部(含军转干部)、新任职领导干部，等等。这些不同类别、层次的干部对同一调查问卷的填写要求不同，他们的培训需求有较大区别。因此，在问题设置时要精细划分对象、筛选对象，并采用跳转填答的方式设计问卷的问题。否则，所有填写者填答同样的问题，将会出现因培训对象特征的不同而有时遇到无法填写问卷的尴尬局面。因此，问卷内容设计时应考虑填写者的具体实际情况。

2.3.3 问卷问题布局应合理

设计的问卷问题是否合理将直接影响调查质量。设计一份高效率的调查问卷，应考虑让问卷填写者回答时尽可能减少思索，烦琐的内容会使调查的结果趋于不实，因此，调查问卷设计要避免让填写者产生反感情绪(周恩荣，2008)。提问要明确、直观，问题设置不宜过多，因为过多的问题容易使填写者厌倦从而影响数据的准确性(周恩荣，2008)，使回收的问卷重复、遗漏或是答非所问等而无法使用，使得调查工作失去了意义(石正华，1994)。

首先，应用恰当的问题形式。问题形式多种多样，可分为开放式、封闭式、是非式、选择式、排序式、评分式、联想式等(傅志远，2003)。选择不恰当的问题形式会影响问卷填写者的认真填写或积极配合程度。在干部教育培训需求调查问卷中，问题形式应以开放式为主，以封闭式适当补充。采用选择题为主，单选题和多选题相结合方式。但每个问题最后一个应设置“其他”选项，将其设定为必填项目，如有选择该选项则让填写者填写。从而避免因为问卷设计时考虑不周，问卷内容不完善，而导致遗漏相关信息的问题出现。其次，调查问卷设计不宜过长，问题数量不宜过多，建议不超过 20 个题。如果问卷问题过多、范围太广、复杂烦琐、填写费时费力，不但会使填写者产生厌烦心理而不认真填写、不愿配合，回收率低，而且降低填写可信度和有效性，影响调查效果(崔奇等，1998)。另外，多选题的选项不宜过于繁杂，要做整合。多选题应严格控制在小于 50%的选中率，以 4 选 2 或 7 选 3 较为合理(倪建春，2011)。再次，依据调查目的和主题组织问题，避免设计与调查主题毫无相干或可有可无的问题(傅志远，2003)。问卷问题根据调查的目的和目标增减或调整，从调查研究需要设计问题，只列出紧密相关的问题，不宜设计无关紧要的问题，不可大而全、泛泛而谈，适合窄而深。例如，性别、年龄等，对培训需求调查来讲并不特别重要，完全可以用工龄或工作年限来代替。最后，提问的问题要客观，符合实际。提问的问题要全面，问卷填写者都能有所选择，能够找到想要的答案。

2.3.4　问卷措辞准确恰当

调查问卷设计时必须要遵循一定的原则和方法(艾尔·巴比，2009)。问卷填写者对问卷中问题理解的同质性是问卷调查的基本要求(崔奇等，1998)。但在现实中不同填写者对问卷中问题的理解程度有所不同，需要考虑问卷填写者因文化程度、年龄、岗位、工作经验、地区等因素的不同，而对同一提问的理解产生差异的问题。因此，在设计调查问卷时，应结合填写者的特点，力求简明扼要、通俗易懂，能够兼顾不同层次人员对问卷中问题的理解接受程度，提高调查问卷的适应性(崔奇等，1998)。

首先，调查问卷的用词准确，不可使用具有歧义的措辞，避免产生理解歧义(倪建春，2011)。语言表达力求简明、朴实，概念准确，具有良好的可读性。问题要明确具体，不能提抽象的问题，对每个所提问题都应简单明了和通俗易懂。文字表述一针见血，一目了然，应避免发生填写问卷者因错误理解填错的问题，否则问卷填写者无所适从。其次，问题要定义准确，言简意赅，用最简单的方式进行表述，必须使所提的问题十分清楚，尽量通俗，所设计的答案选项一目了然，易于理解，避免使用含糊的形容词、副词等(傅志远，2003)。最后，调查问卷语言运用上要用语得当、谦恭诚恳、言简意赅。既要防止出现歧义，更要避免填写者产生反感情绪。问卷设计、语言表述让人觉得亲切，在视觉、心理及观念等方面得到多数填写者的认同，就易被人所理解、接受和配合，从而提高答卷的准确性和回收率(崔奇等，1998)。

2.3.5 注重创新方法

首先，注重新的理念，树立以学员为主体的培训理念，充分发挥学员主体作用。决策科学化、民主化的基本要求就是“从群众中来，到群众中去”(崔奇等，1998)。也就是培训谁、培训什么、怎么培训等决策均需要“从学员中来，到学员中去”，了解学员需求，掌握学员关注的问题。其次，坚持问卷的不断更新和完善原则。有些问卷设计者往往通过查阅文献和凭借个人经验来设计问卷，还需要科学论证，需要修改或调整，以免出现偏差，影响调查结果。最后，应用信息化手段。调查问卷设计时应考虑结果的整理和统计分析工作，需要采用信息化手段进行调查和回收，便于后期高效整理统计分析。在当今网络信息化时代，培训需求调查方式有了足够的拓展空间。例如，利用各种软件、小程序、网络平台、客户端等手段，能够更加便利、更加高效、投入成本更低的方式调查分析培训需求，将有力提升工作效率。例如，采取问卷星等信息化手段。

2.4　小结

培训需求调查是确保干部教育培训实效的一项重要工作。问卷调查是培训需求调查的有效方式，设计好培训需求调查问卷对科学开展调查研究、准确把握需求、科学策划设计具有重要意义。本章立足干部教育培训需求调查在形式和内容上的特点，探讨了调查问卷结构和内容的设计问题，阐述了正确、规范设计调查问卷的操作方法，并提出了应把握的原则和注意的细节，旨在为提高干部教育培训针对性，推进干部教育培训科学化、规范化建设提供支撑。

问卷调查成功与否，主要取决于两个因素。一个是调查问卷设计的科学性。另一个是问卷填写者的积极配合、认真填写。这两个因素缺一不可。调查问卷设计涉及多个方面，包括问卷结构布局、问卷问题设置、文字表述、答案选项设计等。其中，问卷中问题设置是调查问卷的核心，也是达到调查目的的关键。问题形式以封闭式问题为主，但必要时可设计少量开放式问题。也可以将开放式问题变成若干封闭式问题，然后提供选项，变成选择题。这有利于填写者节约填答时间，提高问卷回收率和有效率，方便数据统计分析和进行整理(黄娟娟，2015)。

调查问卷设计时，应理顺调查目的、调查对象和调查内容之间的关系，把握问题深度和广度，注重填写便利性、舒适性、效率性，让填写者一目了然地清楚理解问卷设计者的意图；语言表述简单、一针见血，不能使用歧义性词语。设计调查问卷时，需要换位思考，要多为问卷填写者考虑，多为他们创造便利，尽量减少他们填答问卷的难度，缩短填答问卷所需的时间，这是问卷取得成功的一项重要保证。否则难以保证填写者认真填写，必然影响问卷调查结果(石正华，1994)。另外，问卷问题有包容性和针对性。所谓包容性，就是问卷要能够满足对多种调查对象进行需求调查的需要。这样有利于提高填答质量，减少拒答率，提高应答率。

信度高的问卷对于能否收到准确、有效的信息起着重要作用(李春霞，2009)。调查问卷设计完成后应进行一次甚至多次的试验调查，通过小样本的调查，或是通过相关领域的专家、学者及其典型被调查者从各个角度对问卷的合理性进行评估，研判问卷的适用性，以此进一步补充完善问卷内容，从而实现问卷的准确、可行和有效。

第3章

林业和草原干部教育培训需求调研报告的写作

调研报告是调查研究成果的文字表达形式，是对调查材料的深入研究分析和总结。调研报告撰写得如何，直接关系到调查研究成果质量的高低和社会作用的大小(柳新华，2003)。写出有分量、高质量的调研报告实属不易，需要前期准备工作扎实、深入，提前制定科学、合理、可行的调研方案，明确调研目的和目标，聚焦调研范围和问题，确定调研对象、调研内容、调研方法，等等。

培训需求调研是干部教育培训不可或缺的重要基础性工作之一，也是明确培训主题、确定培训内容、设计培训课程、选定培训方式和教学方法的重要依据。培训需求调研报告是根据以干部教育培训需求为对象的调查研究活动或调查工作过程以及调查研究成果而写成的书面报告。写出高质量的调研报告能为准确把握需求、解决干部教育培训中的突出问题、改进实际工作，提供重要参考。培训需求调研工作是一项系统工程，涉及调研对象选定、调研范围确定、调研内容筛选、调研方法选择以及后续分析研究过程，等等。最终在调研报告中体现时，必须有充分的依据、合理的方式方法，论据和观点站得住脚，避免空洞的论述。当前，在培训需求调研报告中调研目的较宏观，预期调研目标模糊不清，缺乏定量化的分析方法及表述的现象屡见不鲜，导致完成调研工作后是否达到预期目标和效果难以定论，最后形成的调研报告也难有说服力。因此，明确的调研目的和目标，清晰的调研方式，科学的分析方法尤其重要。本章围绕调研报告类型、结构、内容以及在撰写调研报告时需要把握的关键要素等方面探讨干部教育培训需求调研报告的写作方法，旨在为干部教育培训规范化建设提供依据。

3.1 调研报告类型

调研报告由于调研对象和目的的不同，分为多种。从内容性质上分，有研究社会情况的，有推广典型经验的，有反应新事物的，也有揭露某些问题的(陈纪宁，1997)；从调研对象上分，有综合调研报告和专题调研报告。但无论何种调研报告，按其内容和写法分为“报告式”(适合研究社会情况、反应新事物、揭露某些问题)和“总结式”(适合推广典型经验、介绍新生事物)两种(郝文斌等，1993)。不同类型的调研报告，其结构、内容、格式、写作方法和具体要求有较大差别，需要采用与调研报告类型相匹配的写作方法。

“总结式”调研报告主要是反应基本情况和总结主要做法(郝文斌等，1993)。培训需求调研报告属于“报告式”调研报告的范畴。

3.2 调研报告结构与内容

一般调研工作均围绕回答以下几个问题：为什么调研？去哪里调研？什么方式调研？怎么开展调研？看到、发现和掌握了什么现状和现实问题以及好的做法？能否把好的做法提炼为可推广的经验？存在的问题是什么原因造成的？调研结论是什么？有什么好的对策建议？等等。并对发现的问题逐一回应，提出对策和解决问题的方法。要回答这些问题也就决定了调研报告的结构框架(图3-1)。

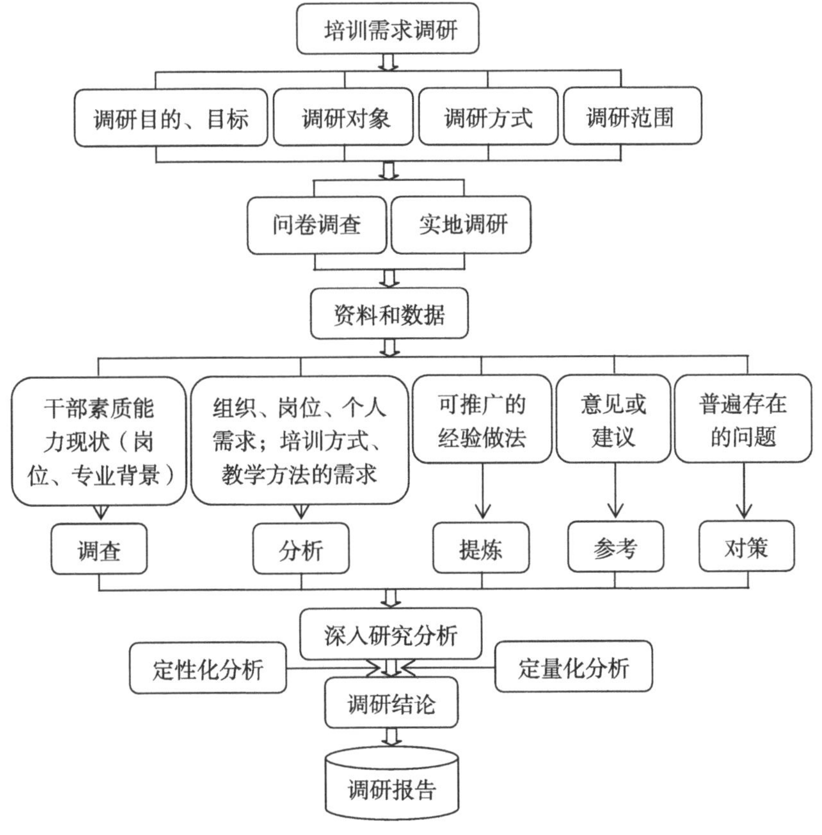

图3-1　调查研究技术路线

调研报告的内容写法多为“报告”形式或类似总结写法(郝文斌等，1993)。常见的调研报告由标题、前言、正文和结尾四部分组成(陈纪宁，1997)。标题从形式上分为单行标题和双行标题两类，单行标题的写法有公文标题的写法和一般文章标题的写法。双行标题由正标题和副标题组成，正标题用一般文章的标题，副标题概括调查内容(陈纪宁，1997)。前言是调研报告的开头部分，简明扼要交代调研的时间、地点、对象、范围、目的，说明调研的主旨和采用的调研方法，也可以介绍报告的主要内容和取得的主要收获。正文部分应通过调研取得的资料和数据，反映干部教育培训需求调查情况，分析规律和存在的主要问题，预测今后发展趋势，并做出结论，提出措施和决策建议。结尾部分，归纳前面的结论、决策，强调正文部分的主要观点或指出结论、对策的深远意义。

"报告式"调研报告格式只有标题和正文两部分。标题写法有一般文章标题式写法和公文标题式写法等(郝文斌等，1993)。"报告式"调研报告正文一般包含前言、情况、分析(性质或问题)和意见(建议或对策)4个方面内容。前言部分要简要地说明调研目的、调研时间、调研范围以及所要调查研究和报告的主要内容等，这部分是调研报告的开头，简要介绍基本情况或提出问题即可。情况部分是所调研来的主要内容或主要问题，这部分是调研报告的主体，用事实和数字说明，做到材料和观点相统一，以观点带材料或以材料带观点。分析部分或指出性质，或找出原因，或性质原因皆有，这部分是调研报告的研究部分，具有针对性、揭示实质、简明扼要的特点。意见部分是在研究分析的基础上所提出的解决问题的建议或对策(郝文斌等，1993)。

"总结式"调研报告的格式包括标题、正文、署名以及写作时间等几部分。标题写法一般有一般文章标题式写法和公文标题式写法两种。正文包括前言和主体两部分。前言概括介绍调研对象的情况。主体又分两部分内容：一是调查研究的基本情况(多为成绩)，二是取得成绩的原因(即措施或做法)。署名及时间是指署名单位名称、调研组集体名或个人名并标注成稿时间(郝文斌等，1993)。

综上所述，培训需求调研报告的结构一般有标题、前言(调研目的、调研目标、调研对象、调研方式、调研范围等)、分析现状、归纳主要经验和做法、分析存在的主要问题、提出对策建议等(周万枝等，2009；李丽丽等，2012；陈明东，2015)。

3.3 需要把握的几个要素

写作调研报告时注意几点：要实事求是，突出本质，讲究研究方法，善于表述，在语言表达上善于提炼。在观点和材料的表述上下功夫，做到既有观点，又要用事实说话，既可以运用一组材料来说明一个观点，也可以运用对比方法来说明一个观点，抑或运用统计数字来说明一个观点等(郝文斌等，1993)。

3.3.1 调研目的要明确

调研报告是调查研究的直接产物(夏海波，1999)。撰写调研报告的目的就是要通过调研结论去说明事情的真相，探索事物的内在规律，预测事物的发展趋势等(夏海波，1999)。任何调研报告都是为解决或反映某一实际问题而写的，都具有具体、明确的针对性和目的性(夏海波，1999)。调研报告有针对性与目的性才有应用价值和科学价值(夏海波，1999)，调研报告的针对性越明确，它的思想性和指导性也就越强，也就越容易达到写作目的(夏海波，1999)。例如，通过调研完善了现有理论与制度，寻找到解决问题的新思路、新办法，推动了实际工作(夏行，2014)。

随着调研的逐步深入，如果发现最初的调研目的不符合实际、不够精准，应重新设计调研方案，需要对调研目的进行调整，做进一步的补充完善(夏海波，1999；柳新华，2003)。

3.3.2 调研目标要清晰

调研前首先需要考虑通过调研解决什么问题或为解决实际问题而提出相应对策建议，即应设定一个清晰的调研目标。有了明确的调研目标以后，才能够科学评估调研成效，检验调研成果，为改进今后的调研工作措施提供参考。如果在实际调研过程中，未能达到调研目标，可能主要由两种原因造成。一种原因是调研方案不够完善，调查研究和分析方法不够科学等。另一种原因是设定的调研目标不够清晰，过于庞大或宏观。制定调研目标的高低和难易程度应科学合理、客观、符合实际，应坚持问题导向。调研目标过高或过难则脱离现实而难以实现，过低或过易则未能抓住调研对象的核心问题，调研成效不显著。因此，制定科学的调研目标是影响调研质量的重要因素，达到预期目标则说明圆满完成了调研工作任务，也为撰写调研报告奠定了良好基础。

3.3.3 调查方法要科学

常用的调查方法很多，主要有会议调查法、实地观察法、文献调查法、实验调查法、问卷调查法、访谈调查法、典型调查法、抽样调查法，等等(夏海波，1999)。调查研究的根本方法是科学的哲学方法。从调查研究的具体方法看，主要有逻辑方法和系统方法等。常用的逻辑方法有比较和分类、归纳和演绎、分析和综合等。系统方法就是从整体着眼，局部入手，统筹考虑，各方协调，达到整体的最优化的方法(柳新华，2003)。从干部教育培训工作实际出发，选择适合的调研方法非常重要，采取问卷调查和会议调查相结合的方法能够基本满足调研要求。当前，培训需求调研主要采取问卷调查和座谈等方式开展(周万枝等，2009；李丽丽等，2012；陈明东，2015)，而且以问卷调查方法为主。但是，通过问卷调查发现问题或好的经验以后，需要进一步深入一线，进行更进一步的调查，了解其中的原因、政策、体制机制等方面的问题，为撰写调研报告提供更加充分的依据。因此，充分利用合适的调查方法，才能得出科学的结论，使调研报告更具说服力。

调研报告有针对性、真实性、时效性等特点。必须进行深入细致的调查研究，认真研究分析，找出规律性的东西。材料越丰富、越细致、越全面，对提炼的主题和观点越有利。必须做到材料和观点的统一，不能把材料和观点割裂。用明确的观点统率材料，材料不在多，能够说明问题即可(陈纪宁，1997)。对数据材料的分析方法取决于材料获取方法和数据信息采集方法，因此调查方法基本决定了数据材料的分析方法。材料分析不是目的，分析的目的是为了得出结论，进而有利于综合。分析的具体方法很多，如定量分析与定性分析、宏观分析与微观分析、历史分析与现状分析、内部分析与外部分析、动态分析与静态分析等(夏海波，1999)。特别是在调研报告中，使用定量分析与定性分析的方法格外重要。因为，统计材料有很强的概括力、表现力，而且有具体性、准确性的特点。许多问题用文字很难表达清楚，但如果选用恰当的统计材料就可一目了然(夏行，2014)。综上所述，需求调研报告应定性分析和定量分析相结合(陈明东，2015；郑州局集团公司党校课题组，2020)，定性表述和定量表述有机结合，使调研报告依据充分、更具有说服力。

3.3.4 对策建议要客观

调查研究的目的就是要形成正确的结论，这个结论既要符合实际，也需要有新意(夏行，2014)。对策建议只有符合发展规律，符合实际情况，才会有生命力(夏行，2014)。特别是要坚持调查研究与工作创新相结合，把提出来的符合实际的新观点、新举措运用到实际工作中去，在试验中总结经验，在推广中推动事业发展。只有把调查研究成果转化为实践成果，这样的调研才有实际意义和真正价值(夏行，2014)。好的调研报告，关键是观点是否有新意，是否有思想性(夏行，2014)。但观点不能太超前，思想要与实践相结合，特别是政策类对策建议，领先一步是先进，领先三步是脱离现实(夏行，2014)。

3.4 小结

干部教育培训需求调研是培训策划设计的重要依据。本章聚焦干部教育培训需求调研报告的类型、结构、内容，探讨规范写作方法，并围绕调研目的、调研目标、调研分析方法、对策建议等，对撰写调研报告时需要把握的几个关键要素进行了分析，旨在为提升干部教育培训质量提供参考，为干部教育培训需求调查研究提供依据，支撑干部教育培训规范化建设。

第4章

林业和草原干部教育培训课程设计

4.1 培训对象分类

4.1.1 培训对象分类意义

不同培训对象所关注的重点领域和培训需求有较大差别，应培训的内容也不尽相同。以“因材施教，按需施教”为原则，根据培训对象类别和培训需求，设计有针对性的课程，选定适合的授课专家，采取合理的培训方式和教学方法十分重要(玉宝等，2016)。对培训对象的定位准确与否将影响整个培训过程。培训对象分类是提高培训针对性和质量的共同需要，它直接影响培训目标的落实(玉宝，2020)。对培训对象精细化分类管理，有利于满足学员需求，对提升培训实效性具有重要意义(玉宝，2016)。培训对象与培训内容和教学方法紧密相关，因此干部教育培训首先要明确培训谁，培训哪一层次人群的问题，即培训对象分类问题，是确定培训主题不可或缺的重要因素之一(玉宝，2020)。其次才是明确培训什么，怎么培训的问题，什么样的培训对象适合参加何种类型的培训班，也就是不同培训对象的“对号入座”问题。如果培训对象与培训班类型匹配度高，能达到事半功倍的培训效果；如果培训对象与培训班类型不匹配，只能获得事倍功半的培训效果。因此，解决培训对象的分类问题至关重要，需要通过精准分类培训对象，有效提升培训针对性。

4.1.2 培训对象分类方法

培训对象的分类方法有多种，可以按照工作岗位、级别、学历、专业、年龄或工作年限等(李明，2014)，进行分类，也可以根据培训对象的专业背景、工龄或工作经验以及参加培训情况进行分类。例如，是否非专业背景的干部，是否有工作经验的干部，行政管理干部、业务干部、转岗干部(从行政岗转为技术岗，或反之)、军转干部，等等。表 4-1 列出了以工作岗位、级别、学历、工龄、专业背景、教育培训等情况作为依据进行初步分类，按照每项分类依据均可分为多个类别。培训对象分类是一项较复杂的工作，涉及的因素多，除了岗位、级别或层次、所学知识、技能、工作年限、参加培训情况等容易定量化的因素之外，还有不少难以量化的因素，如知识结构、工作能力等。根据培训目的和目标的定位，需要选择合适的分类依据。但无论是何种分类方法，都需要制定分类研判标准。有了科学的分类依据，才可以参照标准分析研判每一位培训对象的类别，并进行归类，即属于哪一类别学员，可以参加哪一类型的培训班，是否适合参加该培训班或者确定适合参加哪一类培训班等。这样有效提高培训对象的精准性，才能确保招收符合培训对象要求的学员。另外，在培训工作中需要建立培训对象的筛选制度，形成制度化，促进培训规范化建设。

表 4-1　培训对象分类

序号	分类依据	类别
1	工作岗位	1-1：管理干部(党员领导干部、领导干部、一般干部)；1-2：业务干部(专业技术人员)；1-3：新任职领导干部；1-4：新入职干部(含军转干部)等
2	级别(职务、职称)	2-1：科级及以下；2-2：处级；2-3：厅级等。2-4：初级职称；2-5：中级职称；2-6：副高级职称；2-7：正高级职称等
3	学历	3-1：大专及以下学历；3-2：本科学历；3-3：研究生学历等
4	工龄	4-1：工龄 5 年以下；4-2：工龄 5~10 年；4-3：工龄 10~15 年；4-4：工龄 15 年及以上等
5	专业背景	5-1：专业干部；5-2：非专业干部等
6	教育培训	6-1：2~3 年内未参加培训；6-2：4~5 年内未参加培训；6-3：6~10 年未参加培训等

4.2　培训班类型

干部教育培训是干部教育的一种形式，属于非学历教育，是成人教育的重要组成部分之一(张念宏等，1988)。明确了培训需求与任务要求之后，建立良好有效的培训模式是完成培训目标的必要条件和可靠基础(杨明等，2013)。干部教育培训根据培训对象、培训目的和目标，分为不同的类型。不同类型培训班的培训目的和目标不同，适合的培训对象也不同，适用教学方法也不尽相同。

4.2.1　培训班分类意义

无论是何种类型的培训班，其组织举办的主要目的和目标都可以概括为贯彻党和国家大政方针，提高政治理论水平，提高综合素质，提升管理水平、业务能力和岗位胜任力，培养造就高素质的干部队伍，更好地落实执行党中央的决策部署。任何一位干部都离不开具体工作岗位，岗位属性基本决定了应参加的培训班类型。因此，应根据工作岗位对干部知识结构和素质能力的要求，选择培训班类型，制定培训目标，设计培训内容，确定培训方式和教学方法等。例如，分层级、分领域、分专题开展履职能力培训。

培训班的类型也涉及干部的层次和类别、重点培训内容和教学方法。同理，不同类别的干部能够接受和适合采用的教学方法也不尽相同。教学方法是培训课程教学的重要方面，是实现教学目标、提高培训质量的重要保证(祝军，2009)。教学方法不仅受教育目的、教学内容的制约，也受学员认识规律的制约。选用恰当的教学方法，对提高教学效果具有重要作用。因此，需要科学、规范、专业地看待培训班类型问题。根据培训目的和目标、培训对象、培训内容组织相应类型的培训班尤为重要，不仅关系到教学方法，也关系到培训针对性和实效性。例如，领导层的教育培训(任职培训)，其目的不在于建构理论知识体系，而应以解决实际问题为导向，采取案例教学、情境教学、参与式教学、同伴互助式、问题中心模式等组织形式，更好地满足干部积极参与问题研究与解决、提升解决问题的能力的需要(罗明娅等，2016)。

4.2.2 培训班分类方法

培训班类型繁多，根据培训目的可分为进修班、初任培训班、任职培训班、岗位培训、职业资格培训、创业培训以及其他专题培训班等；根据培训形式或方式可分为研修班、研究班、轮训班、读书班等；根据培训对象分为初任培训班、任职培训班以及其他专题培训班等。目前，在干部教育培训班中常见的类型有进修班、研修班、初任培训班、任职培训班、研究班、轮训班、岗位培训、读书班以及其他等多种类型(张念宏等，1988；顾明远，1998；齐高岱等，2000；中华人民共和国国家质量监督检验检疫总局等，2012）。明确什么样的干部适合参加何种类型的培训班，这样可以使培训班类型与培训对象相互匹配，更加规范策划设计和组织实施培训工作。除了表 4-2 中所列培训班类型之外，还有研学班、在职培训、职业培训、职业资格培训、创业培训、出国培训、援外培训等(中华人民共和国国家质量监督检验检疫总局等，2012)。但常见的类型更多是围绕岗位能力提升的专题业务培训。从表 4-2 看出，不同类型培训班之间其培训对象有一定程度的交叉现象，所以找准培训对象很重要。进修班、研修班、初任培训、任职培训、研究班、轮训班、岗位培训、读书班的适合培训对象分别为党员领导干部和业务干部，中高层次专业技术人员和经营管理人员，新录用人员，晋升领导职务的干部，党员领导干部、业务干部，党员领导干部、业务干部，各类干部，自学能力强的高、中级干部(表 4-2)。

表 4-2　培训班分类

序号	培训班类型	适合培训对象	培训目的和目标
1	进修班	表 4-1：1-1、1-2、1-3、2-2、2-3、2-6、2-7、3-2、3-3、4-3、4-4、5-1	适应新时代要求，增强推进中国式现代化建设的本领。提高政治理论水平和党性修养，提升战略思维与战略规划能力、政治能力、业务能力、履职能力。提高防范化解风险、应急管理和突发事件处置能力等分析解决实际问题的能力等
2	研修班	表 4-1：2-1、2-2、2-5、2-6、2-7、4-2、4-3、4-4、5-1	提升思想政治水平，拓展知识和技能，更新知识结构，掌握先进技术，提升专业水平，提高调查研究和创新创业能力等
3	初任培训	表 4-1：1-4、2-1、3-1、3-2、3-3、4-1、5-1、5-2、6-1	提高政治素质、业务素质和职业道德素养，学习专业知识、管理知识、政策法规、规章制度、工作程序、工作技能等，提高业务能力和岗位任职能力等

（续）

序号	培训班类型	适合培训对象	培训目的和目标
4	任职培训	表4-1：1-3、2-2、3-1、3-2、3-3、5-1、5-2	提升政治素养和业务能力，提高履职能力。学习领导方法和工作方法，提升领导力、决策能力、执行力和岗位胜任力，提高解决实际问题的能力等
5	研究班	表4-1：1-1、1-2、2-2、2-3、2-6、2-7、3-3、4-3、4-4、5-1	提升战略思维与战略规划能力，提高政治理论素养或专业技术能力。提升履职能力、决策能力和全局意识，提高干部队伍素质，增强创新能力和研究能力等
6	轮训班	表4-1：1-1、1-2、1-3、2-2、2-3、2-6、2-7	贯彻党和国家大政方针，学习党性教育、政治理论、政策法规、专业技术知识，提高政治理论水平和业务能力，提升综合素质及科学人文素养等
7	岗位培训	各类干部	按岗位规范进行培训，提高政治理论和业务能力，学习现代管理理论和经验方法、政策法规、规章制度、必备通识和岗位所需业务知识，提升专业技能和岗位胜任力
8	读书班	表4-1：1-1、1-2、2-2、2-5、2-6、2-7、3-2、3-3、4-2、4-3、4-4、5-1、5-2	提高理论、思想、政策水平。提高干部素质和能力，培育道德价值、知识、技能和态度。掌握专业知识和专业技能，提高业务水平。提升履职能力，业务能力

4.3 培训课程设计方法

干部教育培训课程是培训教学过程的核心(陈正华，2006；张玫玫，2007)，是构成培训项目的主体要素，也是联系培训理论与培训实践的桥梁，培训目标、培训内容、培训形式等最终均被落实到课程上(朱诗柱，2017)。因此，培训课程是实现培训目标的主要手段，关系到整个干部教育培训的质量。如何设计好干部教育培训的课程，确保培训的实效性和针对性，成为干部教育培训工作的关键所在(张玫玫，2007)。加强培训课程建设，不断优化和提升课程开发、课程实施、课程评价、课程管理的质量与水平，是干部院校业务建设的核心任务(朱诗柱，2017)。目前，培训课程模块和课程设计的理念、方法以及思路已逐步成熟，有较深入的研究，但是对这些模块、内容的形成机制以及评判标准方面缺乏研究，在实际操作中还未制定出具体参照依据。现有的研究主要围绕科学化课程设计理论与方法(杨智，2017)、培训课程建设的理论与技术(朱诗柱，2017)等方面，而且以理论研究为主，实际操作层面的探讨较少，宏观谈论居多，微观问题的研究偏少，特别是根据需求确定培训课程的具体方法、流程、量化指标及技术标准等，即从培训需求生成培训课程的机制方面研究未见报道。本节探讨当前培训课程设计当中存在的主要问题，就如何规范化设计培训课程提出对策和建议，旨在为干部教育培训规范化建设提供思路和依据。

4.3.1　存在的主要问题

4.3.1.1　培训需求调查不够深入

对干部培训需求进行调查分析，是制定与实施培训方案的首要环节(陈正华，2006)，是整个培训工作的基础，是确定培训目标、设计培训课程的前提，也是培训评估的基础(陈肖庚，2011)。应将科学的需求分析作为培训的起点，以学员的需求为工作的出发点，以解决学员工作中的实际问题为最终归宿(张玫玫，2007)。因此，在整个培训工作中，需求调查是一项极其重要的基础性工作。目前，培训课程设计包含需求调查(玉宝，2016；玉宝等，2016；玉宝，2020)、确定目标、课程内容设计、教学方法选定、效果评价、反馈完善等环节，这是一个系统性的具有逻辑关系的整体。ADDIE模型是关于课程设计与实施的经典模型，分为分析、设计、开发、实施、评价5个阶段(陈肖庚，2011)。培训课程设置应具有需求导向性(祝军，2009)，培训需求包含教学内容、教学方法、授课主体等方面。当前，培训需求调查不够深入、系统，对教学内容的关注较多，对教学方法和授课主体的调查较少，忽视了内容、方法与授课主体的整体性，影响了培训效果和质量。而且，培训需求调查分析不精准，对组织需求、岗位需求和个人需求相互间的关系未深入系统理顺，需求调查方法不够科学、较单一，主要采用调研、问卷调查、访谈、咨询等传统的方式开展调查，具有较大片面性和局限性(玉宝，2016；玉宝等，2016)。因此，必须统筹各项需求才能科学设计培训课程，保证培训质量。另外，当前对培训需求调查工作重视程度不够，普遍存在按照上级主管部门要求制定培训方案、设置培训课程的现象(玉宝等，2016)，缺乏培训需求生成机制。

4.3.1.2 培训目标不明确不具体

培训目标是提升知识、能力和技能的目标，是检验培训效果和评估培训效果的重要依据。有了明确的培训目标，才能更好地把握培训质量，因此，也是科学设计培训课程的重要基础。培训课程目标是培训结束时希望学员掌握的知识、达到的能力及态度水平，体现出培训活动预期达到的效果(李新等，2020)。培训目标是通过培训课程来实现的，同时培训目标是设计培训课程的前提，培训课程是实现培训目标的重要基础，两者有密切关系。当前，存在培训目标模糊不清，培训目标定位过高、过于宏观而难以实现或实现程度有限；培训目标和课程设计之间脱节，相互支撑程度不够；培训目的和培训目标混淆不清，以培训目的代替培训目标，忽略培训目标等问题。当培训目标不够明确、不够具体时，很难将目标贯穿于整个培训过程之中(刘追等，2012)，容易导致课程设计不够精准、针对性不强的问题，所能取得的成效可想而知。

4.3.1.3　培训课程生成机制不健全

培训课程设计的依据是什么？培训课程如何生成？目前，干部教育培训缺乏培训课程生成机制，需要制定相关制度和管理办法，提出培训课程设计的目标、原则、内容、方法、程序以及要求等，从而使培训课程设计更加规范化。课程设计应秉持超前性、指导性、时效性、应用性、权威性的原则。在培训课程设计时必须充分考虑干部教育培训特点和需求，确认各项培训内容的重要性和紧迫性。在当前的培训课程设计中，没有结合学员培训需求调研情况，设计有针对性的课程，多采用固定的课程模块和逻辑框架来设置课程，课程针对性不足，这样难以实现培训目标。例如，忽视学员情况和实际需要，过多安排理论知识，缺少实践经验和实用业务性的课程，未能根据培训班次性质、培训目标、培训对象、培训需求等，设计培训课程。

4.3.1.4　效果评价及反馈不系统

目前，干部教育培训当中都能做到培训评估，但培训评估结果出来后，未深入分析总结并跟踪调查了解，这是普遍存在的问题。另外，还存在培训评估、分析问题原因和培训改进相互之间脱节的现象，未能做到将培训评估发现的问题及时很好地反馈至设计工作中，未真正发挥出改进工作的目的。例如，在培训评价反馈中，普遍忽略了少数不满意的学员意见，满意率达到90%~95%以上即可的习惯性做法比较常见，而忽略了5%~10%的少数不满意的学员意见，未能客观分析其原因，这不利于培训工作改进。

4.3.2 规范设计课程的对策建议

4.3.2.1 课程设计与培训目标紧密结合

每期培训班应有明确、可行的目标。围绕既定目标设计课程，才能确保培训预期效果，学员才能够真正有所收获。例如，通过培训使学员了解和掌握哪些知识、经验、方法，达到熟练掌握的程度还是熟练操作的程度，或者使学员在态度和行为方面的改变程度，等等。因此，在制定培训目标时，先要弄清楚通过培训教给学员知识、技能还是学习知识与技能的方法、提升能力与基本素质等(陈正华，2006)。高质量的培训使学员获得全面的知识、技能与能力，使干部的整体素质和能力得到较大的提高，这与有明确的培训目标有很大关系。应根据组织需求、岗位需求、个人需求，设置针对不同培训对象(分类、层次)的教学模块、教学内容(课程结构体系)、教学方法，才能确保针对性。

应根据学员情况，结合培训需求，制定培训目标，在此基础上设置培训课程，如图 4-1 所示。同时，培训课程的重点内容、难易程度、深度广度、课时、授课专家、教学方法等应符合学员情况和培训需求，必须与培训目标紧密相结合，而不能脱离培训目标。另外，制定培训目标高低程度应适度，目标过高则培训难以实现目标，影响培训评估结果。目标过低则尽管容易实现培训目标，但培训内容泛泛、无针对性而使培训效果不显著。因此，在制定培训目标时，学习或掌握到什么程度，提高、提升到什么水平，把握好这些尺度才使得目标更加清晰、更加具体，便于课程设计。

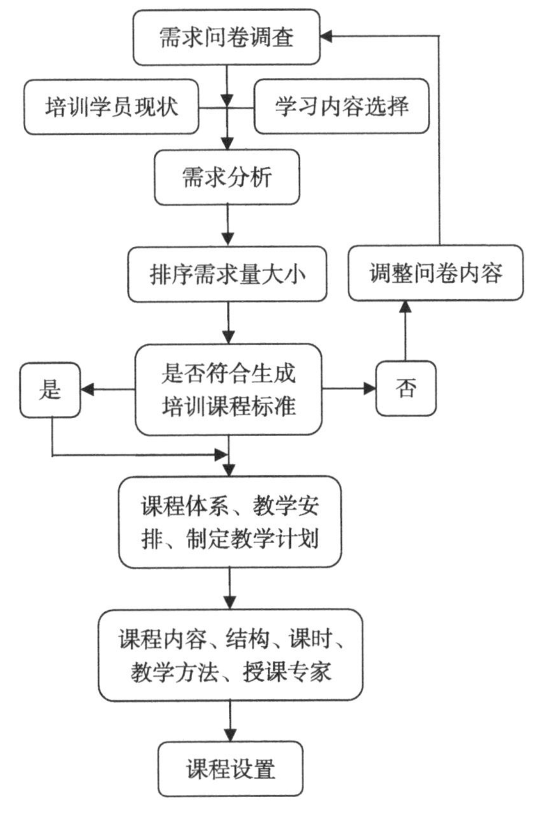

图 4-1　培训课程规范化设计流程

4.3.2.2　课程设计与培训需求有效契合

在培训课程设计时，值得注意的是，并不是学员缺少的所有知识、技术和技能都要培训，而是需要综合考虑学员需求、组织要求、岗位需求(余海波等，2014)，系统整合各项需求，并以统一的标准研判取舍。归根结底就是要解决将学员需求与培训课程体系的有效衔接问题，从而促进培训课程设计更加精准化、科学化、规范化、标准化。因此，必须重视培训需求调查工作，形成制度化，建立培训需求生成机制，提出需求调查目的、目标、原则、内容、方式方法、程序和要求等，使需求调查作为课程设计的直接依据和必须执行的程序（玉宝，2016）。另外，需要改变封闭式课程设计方式，从由组织方安排培训班课程向学员自主选择、参与课程设计方式转变，建立培训组织方与学员之间的互动式、开放式交流机制，让学员参与到培训课程设计工作当中（玉宝，2016）。培训需求调查分析方法有问卷法、访谈法、考察法、绩效评估法、能力评估法、关键事件法、专项测试法、文献调查分析法、工作样本法等多种（玉宝，2016），需要打破目前常用的传统方法的片面性和局限性，利用信息化手段，提升培训需求调查的科学性、针对性、效率性（玉宝，2016）。例如，开发设计培训需求调查分析系统，设置需求库（课程库）、师资库和教学方法库，系统自动统计分析并生成相应图表，而后将其作为确定培训课程、授课主体和培训形式的重要依据。这样才能够科学把握培训需求，使培训更具有效率和针对性，并通过实际培训，不断扩充和完善培训需求库（玉宝等，2016）。

除了学习内容的需求以外，教学方法和授课专家的需求也不容忽略。教学方法是培训课程教学的重要方面，是实现教学目标、提高培训质量的重要保证（祝军，2009）。合适的教学方法能使培训达到事半功倍的效果。根据培训班类型以及培训对象，选择与其适应或相匹配的适用教学方法，可以使所设计的培训课程发挥出更佳的效果。根据培训主题、培训班类型、培训内容、培训对象，选聘合适的授课专家，如领导干部、大学教授、科研院所专家、行业生产一线专家等。不同类型的专家其讲授的侧重点、风格、理论、技术、实践、经验、管理、研究等各个方面均有各自的优势，因此，选聘合适的专家对确保培训实效至关重要。综上所述，能够准确把握培训内容、教学方法、授课专家方面的综合需求，才能设计出高质量的培训课程。

4.3.2.3　建立“以学员为主体”的课程设计机制

学员主体性体现在两个方面，一个是参与培训课程设计(玉宝，2016)，即提出自己的培训需求；另一个是对培训活动的评价。在培训规范化管理中不能忽略这两个方面。当前，课程设计工作中，设计培训课程随意性较大、结构不合理、缺乏系统性，理论性课程偏多、实践性课程偏少，必修课过多、选修课偏少等问题比较常见，课程安排以“替学员做主”的现象较普遍。缺乏“以学员为主体”的培训课程设计机制，需要加大培训课程的选择性(陈正华，2006)，以“菜单式”或选课模式(玉宝等，2016；玉宝，2020)安排培训课程，为学员提供更多选择权，以此满足学员多样化的培训需求。甚至学员还可以选择授课专家及教学方法，从而使培训的针对性和实效性更强，也能充分突显学员的主体地位(玉宝，2016)。同时，建立培训课程淘汰机制，去粗取精，去伪存真，不断推陈出新，才能适应干部培训的发展要求(祝军，2009)。

科学的课程评估是检验课程设计的重要措施，也是改进培训课程设计、提高培训针对性和实效性的依据。应依据培训课程和教学的评估结果，了解问题和不足，将改进建议和措施付诸下期培训当中。对学员的培训评价结果不仅要看满意率，更要关注学员不满意之处，与对课程评价较低的学员沟通，了解达不到学员需求和要求的主要问题，客观分析原因，为改进和完善培训课程设计提供依据。可能这个问题不大，但是不改进则长期存在，久而久之会影响培训效果和规范化管理。因此，要把发现的问题及时反馈至培训管理工作当中，进一步完善培训课程设计。同时，长期追踪调查学员情况(玉宝，2016)，了解新的需求，为下一期培训工作提供依据。

综上所述，建立充分体现学员主体地位的培训课程设计机制十分有必要，且有重要意义。该机制包括积极组织学员参与课程设计，充分利用学员需求分析结果，科学应用学员评估结果的原则、程序、方法和要求。从培训前期准备到培训实施再到培训总结评估各个环节，均以学员为中心，充分发挥学员角色定位，将其与课程设计有效衔接，以此来系统改进和完善课程设计。

4.3.2.4 制定从培训需求生成课程的评判标准

标准建设是提升质量的重要方式。在每期培训班中都存在学员素质能力、知识水平、工作经验参差不齐的现象，每一门课程不可能满足全部学员的需求。要制定科学量化的指标，建立从培训需求生成课程的评判标准，最大程度地满足学员需求，确保课程设计的标准化和规范化。有了评判标准，能够对课程设计提供科学依据，更加精准地筛选学员需求，从而提升培训实效。应采用一定的评判方法确保评判标准的客观性、有效性，如采用数理统计分析的方法开展培训需求调查。设计调查问卷、选取具有代表性意义的调查对象，获取一定数量的有效问卷，以培训内容的选择率作为指标，运用统计分析软件对样本数据进行计算处理、方差分析以及检验；应用聚类分析法对样本数据进行聚类，根据聚类结果结合实际制定评判标准，并且在实际培训工作中应用检验，根据使用效果最终确定或适当调整标准。

4.3.2.5 建立培训课程设计专业化团队

加强人才队伍建设是促进干部教育培训事业发展的重要措施。培训组织机构是智力服务机构，面对结构复杂的学员群体，需要强化培训课程设计和调查研究工作，提升培训技术保障和支撑能力。应建立专业化的培训策划设计团队和调查研究团队，形成培训策划设计、调查研究咨询、培训组织实施等三支队伍，分工明确、形成合力，有力支撑培训实施部门，系统提升培训策划实施能力。除此之外，还应建立完善的培训课程库和师资库，并定期结合培训需求更新和扩充，从而充分保障培训实施部门的需求。

4.3.3　小结

本节综述干部教育培训课程的开发设计理论与技术，围绕培训需求调查、培训目标、培训课程生成机制、效果评价及反馈等方面分析培训课程设计中存在的主要问题，在课程设计与培训目标紧密结合、课程设计与培训需求有效契合、建立“以学员为主体”的课程设计机制、制定从培训需求生成课程的评判标准、建立培训课程设计专业化团队等方面提出了对策建议。为规范化设计培训课程提供思路，给干部教育培训规范化、标准化、专业化建设提供依据。

规范设计培训课程，对确保干部教育培训质量，提高培训针对性和实效性具有重要意义。课程设计所涉及的相关方较多，其中，学员的角色是不可忽略的，坚持以学员为主体的培训理念，采用“菜单式”或“订单式”的培训模式非常重要。了解学员需求，制定培训目标，生成培训课程，反馈学员评价，是整个培训工作中的几个关键环节。只有准确把握培训需求，合理制定培训目标，科学安排培训课程，采用适合的教学方法，系统反馈培训评价，才能有效提升培训质量，使干部教育培训更加规范化、科学化、专业化。尤其是建立培训课程生成机制，制定从培训需求生成课程的评判标准，是设计培训课程标准化建设的有效手段。

4.4　培训需求生成课程的评判标准

规范设计培训课程，对确保干部教育培训的质量，提高培训针对性和实效性具有重要意义。设计好干部教育培训的课程，是实现培训目标、达到预期效果的重要保障，是干部教育培训关键所在(张玫玫，2007)。目前，对培训课程设计的研究主要集中在科学化课程设计理论与方法(杨智，2017)、课程建设理论与技术(朱诗柱，2017)，而对培训课程生成机制、设计培训课程的合理性依据等方面未进行深入研究。培训需求是设计培训课程的直接依据(玉宝，2016；玉宝等，2016)，培训需求调查分析是干部教育培训的最关键的环节之一，是保证干部教育培训质量和效果的前提。目前，对干部教育培训需求的研究，已在干部培训需求调研实践(王雄，2008)、需求实证(戴玲，2021)、需求评价(王鹏等，1998)等方面有深入研究，在培训需求调查方法和培训需求分析方法方面已经有成熟的方法和手段，但在培训需求生成机制(玉宝，2016)、从培训需求如何生成培训课程方面缺乏研究，尤其是对如何界定从培训需求生成培训课程的评判标准方面的研究未见报道。因此，目前存在培训需求调查与课程设计脱节现象，对培训需求调查结果怎样支撑培训课程设计缺乏实证研究。例如，培训课程设计者认为某项内容非常重要，从行业的角度分析也是如此，但有可能学员对该项内容已经学习过并十分了解，内容尽管重要但不能生成为培训课程，至少是这次不能。因为培训课程设计者的主观判断与学员实际需求有时存在巨大反差，有必要制定从培训需求生成课程的评判标准。

标准建设是提升质量的重要方式。课程设计阶段至少满足多大比例的学员需求时可以设置该课程，需要科学量化该指标，制定从培训需求生成培训课程的评判标准，这是培训课程设计标准化建设的有效手段，可有效推进干部教育培训规范化、标准化、专业化建设。本节利用实际调查数据，通过统计分析手段，分析确定从培训需求生成培训课程的评判标准，旨在为干部教育培训课程设计提供技术参考。

4.4.1　数据来源

以森林草原防灭火领域设计培训需求调查问卷为例，其中涉及 59 项学习内容，将其标记为 L1 ~ L59。对相关省份进行问卷调查，回收有效问卷共 844 份，统计结果见表 4-3。

表 4-3　培训需求统计

序号	学习内容	百分比（%）	序号	学习内容	百分比（%）	序号	学习内容	百分比（%）	序号	学习内容	百分比（%）
1	L1	60.7	16	L16	75.8	31	L31	53.7	46	L46	78.1
2	L2	36.4	17	L17	54.2	32	L32	62.8	47	L47	55.2
3	L3	72.8	18	L18	62.9	33	L33	77.6	48	L48	3.2
4	L4	55.1	19	L19	58.5	34	L34	64.3	49	L49	75.8
5	L5	77.1	20	L20	1.3	35	L35	70.3	50	L50	77.3
6	L6	59.5	21	L21	74.1	36	L36	65.3	51	L51	78.1
7	L7	71.9	22	L22	63.9	37	L37	62.2	52	L52	1.9
8	L8	52.5	23	L23	63.6	38	L38	1.4	53	L53	77.1
9	L9	51.1	24	L24	71.9	39	L39	82.2	54	L54	22.9
10	L10	1.3	25	L25	2.7	40	L40	93.3	55	L55	15.1
11	L11	51.8	26	L26	84.5	41	L41	69.0	56	L56	17.4
12	L12	72.4	27	L27	84.7	42	L42	82.0	57	L57	10.3
13	L13	58.7	28	L28	63.9	43	L43	1.6	58	L58	56.5
14	L14	53.2	29	L29	73.2	44	L44	83.9	59	L59	0.7
15	L15	51.3	30	L30	1.4	45	L45	16.4			

4.4.2　分析方法

对培训需求调查问卷数据应用 Excel 软件进行计算处理，运用 SPSS 软件进行相关性分析以及检验等数据统计分析，使用 K 均值聚类法对样本数据进行聚类分析并确定相关阈值。

4.4.3 结果与分析

4.4.3.1 聚类特征

经过聚类分析，将59项学习内容划分为5类(表4-4)，其结果有三个特点。一是不同类别的样本数不同，1类有16个样本，2类有5个样本，3类有10个样本，4类有22个样本，5类有6个样本。二是不同类别的平均百分比有明显的差异性，最低3%，最高达85%，1类平均百分比75%，2类平均百分比22%，3类平均百分比3%，4类平均百分比58%，5类平均百分比85%。说明学员对学习内容的选择因人而异，个体差异较大，也就是学员的培训需求具有多样性。三是不同类别的平均百分比变化幅度差异明显，变化幅度大的是2类(15.1%~36.4%)、3类(0.7%~10.3%)、4类(51.1%~65.3%)，变化幅度较小的是1类(69%~78.1%)和5类(82%~93.3%)，说明学员对2、3、4等三个类别的学习内容的需求较低，且个体差异性明显，学员对1和5等两个类别的学习内容的需求普遍强烈，且个体差异性较小，学员需求主要集中在这两个类别的学习内容中。

对聚类结果的类别间距离进行方差分析的结果表明，类别间距离差异呈极显著差异($P<0.01$)，聚类效果好(表4-5、表4-6)。从聚类结果看，1类和5类的共22项学习内容，学员较感兴趣，平均选择率达到75%及以上，因此，这些内容可以考虑放入培训课程当中。而2类、3类、4类的共37项学习内容，学员不太感兴趣，选择率在58%以下，处于较低水平，因此，可以确定这些内容不适合放入课程当中。

表 4-4　最终聚类中心

分类序号	1	2	3	4	5
百分比(%)	75	22	3	58	85
个案数目(个)	16	5	10	22	6

表 4-5　聚类组成

学习内容	聚类	距离	学习内容	聚类	距离	学习内容	聚类	距离	学习内容	聚类	距离
L1	4	0.024	L16	1	0.013	L31	4	0.045	L46	1	0.036
L2	2	0.148	L17	4	0.041	L32	4	0.046	L47	4	0.030
L3	1	0.018	L18	4	0.047	L33	1	0.031	L48	3	0.006
L4	4	0.031	L19	4	0.003	L34	4	0.061	L49	1	0.013
L5	1	0.026	L20	3	0.013	L35	1	0.043	L50	1	0.027
L6	4	0.013	L21	1	0.005	L36	4	0.071	L51	1	0.036
L7	1	0.026	L22	4	0.056	L37	4	0.040	L52	3	0.007
L8	4	0.057	L23	4	0.054	L38	3	0.012	L53	1	0.026
L9	4	0.071	L24	1	0.026	L39	5	0.029	L54	2	0.013
L10	3	0.013	L25	3	0.001	L40	5	0.082	L55	2	0.066
L11	4	0.064	L26	5	0.006	L41	1	0.056	L56	2	0.042
L12	1	0.021	L27	5	0.004	L42	5	0.031	L57	3	0.077
L13	4	0.004	L28	4	0.056	L43	3	0.010	L58	4	0.017
L14	4	0.050	L29	1	0.013	L44	5	0.012	L59	3	0.019
L15	4	0.069	L30	3	0.012	L45	2	0.053			

表 4-6　方差分析

项目	聚类		误差		*F*	*P*
	均方	自由度	均方	自由度		
百分比	1.113	4	0.002	54	545.910	0.000

4.4.3.2　评判标准分析

经聚类分析，将5类学习内容按照选择百分比从高到低的排序为5、1、4、2、3，百分比分别为85%、75%、58%、22%、3%。对1类和5类的学习内容，学员选择率较高，平均百分比分别为75%(69%~78.1%)、85%(82%~93.3%)。因此，培训需求生成培训课程的标准应从1和5两个类别中产生，并可以考虑以1类学习内容的百分比作为评判最低标准。因该两类学习内容的选择率范围较广，为69%~93.3%，确定从培训需求生成课程的评判标准时不得不考虑三个因素：一是学员选择率高低，二是具有代表性和适用性，三是未选择的学员比例。例如，选择率为69%，那么未选择的学员比例达31%，不可忽略这个比例数字，在这种情况下，假如把选择率为69%的学习内容放入培训课程当中，那么31%的学员对该项内容不感兴趣，会大大降低学员满意率，从而影响整体培训效果。因此，以69%的比例作为判别标准显然是偏低。代表1和5类别的百分比为其平均值，分别为75%和85%，基于平均水平的评判标准具有更强的代表性和适用性。因此，参照阈值确定方法(赵红丹等，2017)，以1类学习内容的平均百分比即75%作为评判标准是比例较合理，未选择的学员比例已降至25%，这既能满足75%的学员需求，也能较大幅度地提升整体培训效果。

4.4.3.3　检验效果

为了进一步论证评判标准的科学性，检验实际效果，本研究采用上述方法对9期培训进行了实际试验，将9期培训班分别标记为T1~T9(表4-7)。首先，开展培训需求调查，并对培训需求调查结果进行分析，将学员选择率在75%及以上的内容放入培训课程内容。其次，经过培训组织实施，让学员对培训课程质量进行评估，其评估结果的汇总见表 4-7。结果表明，不同班次学员满意率有差异，最低 92%，最高达 100%，但整体满意率均大于 90% 的水平，平均达 97. 9%。说明学员对培训课程内容比较满意，设计的培训课程符合学员需求，满足了学员学习需求。这也进一步证明了培训需求生成培训课程的方法是可行的，其评判标准定为 75%及以上也比较合理，适用性较强，具有实际应用前景。

表 4-7　培训班课程质量评估汇总

班次	T1	T2	T3	T4	T5	T6	T7	T8	T9	平均
满意率(%)	100	99. 1	100	100	94. 3	92	97. 4	99	99	97. 9

4. 4. 4　方法应用

研究从培训需求调查结果生成培训课程内容的评判标准，对干部教育培训规范化、专业化、标准化建设具有重要意义，可为干部教育培训课程设计提供重要依据。具体应用时，需要坚持几个原则。首先，要看学员对学习内容的选择率是否达到 75%及以上，如达到该标准，则将学习内容放入课程内容。其次，在达到 75%及以上的前提下，将学员选择的学习内容，按照选择率从高到低进行排序，可生成的培训课程数量是否符合教学计划，如可生成的课程数量足够，按选择率从高到低进行筛选生成课程即可。如可生成的课程数量不够，则对培训需求调查问卷的内容进行修改调整，重新进行需求调查分析。不可从选择率低于 75%的学习内容中生成培训课程，否则将影响培训针对性和效果。最后，如果学员对培训内容的选择率普遍达不到 75%及以上时，不可把学习内容放入课程内容，说明培训需求调查问卷针对性不强，必须重新设计培训需求调查问卷，再次开展需求调查，直到满足 75%及以上要求为止。

以表4-3所列培训需求为例，举例说明将59项学习内容的需求放入培训课程的具体方法。按照从培训需求生成培训课程时学员对内容的选择率达到75%的标准，对59项内容进行排序，其中，学员对14项学习内容的选择率满足75%及以上要求，选择率为75.8%~93.3%。这些内容可以放入培训课程当中，见表4-8。其余的学习内容不作为培训课程内容，但具体培训课程的数量可根据培训班天数进行选择性安排。例如，5天的培训班(含报到1天和返程1天)，教学时间为3天，如采取半天安排1门课程的方式，则共需设计6门课程，根据学员选择率从高到低的排序，安排序号为1~6的学习内容，即将L40、L27、L26、L44、L39、L42等6项内容放入培训课程。其余内容可以考虑安排至下一期培训班的培训课程中。同时，根据学员对学习内容的选择情况，在培训需求调查问卷中对选择率较低的内容进行调整，逐步完善问卷内容，提高其针对性和有效性。

表4-8 生成培训课程内容的培训需求汇总

序号	1	2	3	4	5	6	7
课程代码	L40	L27	L26	L44	L39	L42	L46
比例(%)	93.3	84.7	84.5	83.9	82.2	82.0	78.1
序号	8	9	10	11	12	13	14
课程代码	L51	L33	L50	L5	L53	L16	L49
比例(%)	78.1	77.6	77.3	77.1	77.1	75.8	75.8

4.4.5 结论与讨论

培训需求调查与课程设计是干部教育培训中两个紧密相连的重要环节。培训需求调查有力支撑培训课程设计，但是如何从需求调查结果中筛选并放入培训课程中，是目前面临的重要课题。制定评判标准具有重要意义，可使干部教育培训课程设计更加规范化、专业化，为从培训需求生成培训课程提供重要依据。本研究利用森林草原防灭火领域的 844 份培训需求调查问卷数据，对学员学习内容的选择百分比进行聚类分析后分为 5 类。研究表明，不同类之间的差异极显著（$P<0.01$），经综合分析，从培训需求生成培训课程的评判标准以 75%为合理，当学员选择率达到 75%及以上时，可以将学习内容放入课程内容当中，当选择率低于 75%则不适合放入课程内容中，当学员对学习内容的选择率普遍低于 75%时，说明问卷设计有缺陷，不够全面，针对性不强，不能满足学员培训需求的多样性要求，应该修改培训需求调查问卷内容。

经过实际检验，本研究使用 K 均值聚类法提出的从培训需求生成培训课程的评判标准，比较合理，具有良好的示范推广性，具有使用简便、操作性强的特点，有较高的实际应用价值；解决了培训需求调查结果的科学利用问题，理顺了培训需求与课程内容的关系，界定了取舍培训需求的量化范围，使得从培训需求生成培训课程更加严谨，为科学设计培训课程提供了参考依据。

4.4.6　小结

研究从培训需求调查结果生成培训课程内容的评判标准，对干部教育培训规范化、专业化、标准化建设具有重要意义，可为干部教育培训课程设计提供重要依据。本节利用 844 份培训需求调查问卷数据，使用 K 均值聚类法提出从培训需求生成培训课程的评判标准，使用 K 均值聚类法对学员培训内容选择率进行分类，各类间差异极显著（$P<0.01$），聚类有效。从培训需求生成培训课程的评判标准以 75%为合理，经实际检验，具有示范推广性和实际应用价值。

当学员对学习内容的选择率达到75%及以上时，方可将学习内容放入课程内容中；达不到75%时，不应放入课程中。学员选择率普遍低于75%时，说明调查问卷设计针对性差，所设计的学习内容不能满足学员需求，应修改完善问卷并重新进行问卷调查。

4.5 培训课程模块设计

4.5.1 课程模块设计意义

培训课程模块是根据培训班类型、培训目的和目标，结合培训对象和培训需求，对培训内容进行模块化设计，通过不同模块间的相互组合而成的培训教学内容架构。设计好培训课程模块是系统化、规范化、专业化设计培训课程的重要前提，也是提高培训课程设计水平的有效措施。课程模块设计可以有效提升培训针对性，提升工作效率(何翀，2021)。明确学习每个课程模块的目的和意义，可以更好地引导学员认识学习的重要性，让学员更好地理解学习课程目的，从而提高学员的学习积极性。随着培训对象的分级分层分类逐渐细化，多样化培训需求更加凸显，涉及的内容领域也更加复杂，将这些课程进行模块化设计十分有必要。目前，在干部教育培训中开始重视课程模块的作用和意义，并逐渐应用了培训课程模块化设计方法(祝军，2009；罗明娅等，2016；李永贤，2017)，但是主要采取对培训内容的整合概括和归纳分类的方法，而对培训班类型、培训目的和目标、培训对象和培训需求等几个要素未进行系统考虑，有待于深入研究规范课程模块设计，使培训课程设计更趋科学合理、富有逻辑性。

2023年颁布的《全国干部教育培训规划(2023—2027年)》(以下

简称《规划》）和《干部教育培训工作条例》（以下简称《条例》）系统提出了干部教育培训目标任务、行动计划、管理制度和具体措施，对当前和今后一时期做好干部教育培训工作提出了新的要求。落实好《规划》和《条例》，并在此指导方针下改革创新，如何进一步提高办学水平、提升干部教育培训质量是当前面临的重要课题。本节针对不同类型培训班（表 4-2）、培训对象和培训目标（表 4-1、表 4-2），研究提出了相应课程模块，旨在为干部教育培训课程规范化设计、提高培训针对性提供依据。

4.5.2　课程模块设计方法

培训课程是实现培训目标的主要手段，关系到整个干部教育培训的质量（玉宝，2022）。有针对性的培训必须有促进实现培训目标的课程体系作为支撑（李颖，2011），在培训课程设计之前先制定培训目标，根据目标选择实现目标的课程内容。规范设计培训课程对确保干部教育培训质量、提高培训针对性和实效性具有重要意义（玉宝，2022）。每期培训班的课程内容、课程结构、课程数量和授课顺序如何设计、怎样搭配，是关系到课程体系的顶层设计问题，体现其逻辑性、系统性、针对性和规范性。可以先把课程模块这“四梁八柱”搭建起来，即把不同的培训课程进行模块划分，将其分为若干个不同的单元，从共性和个性需要把性质相同或有内在联系的教学内容组成一个整体，结合培训目标和培训对象相应设置不同课程模块。课程模块设计使培训课程更有针对性和逻辑性，将“零散”而“杂乱无章”的课程安排得更加“井然有序”，使课程设计工作在模块框架下“不走偏”而“更加精准”，更好地把握培训目标任务。培训课程模块设计有显著优势（何翀，2021）：首先是系统性，每一个模块不是单独存在的，而是模块与模块搭配组合在一个系统框架内。其次是组合性，通过不同模块灵活组合，并实现多种系统功能，是模块设计的优势所在。最后是独立性，模块之间相互独立，根据培训班类型设计并划分成一系列的课程模块，有利于满足多样化需求。

不同类型的培训班课程模块如何设计，需要制定课程模块设计路线图(图 4-2)，理顺课程模块几大要素以及相互间的关系，须把握共性原则。可以从宏观、中观和微观三个层面进行课程模块化设置(祝军，2009)：宏观层面，从组织需求出发，以提高领导干部政治素质、理论素养、领导能力和党性修养为目的，设置相应的政治和政策课程模块，确保组织任务目标的实现为目的。中观层面，从岗位需求出发，以掌握岗位知识，设置相应的专业培训课程。微观层面，从个人需求出发，以满足领导干部个人对于提高工作与管理所需要的基本知识和技能要求为目的，设置相应的管理与技能培训课程，等等。基于宏观、中观和微观三个层面的考虑，可将培训课程划分成不同的模块(表 4-9)。例如，政治理论及党和国家大政方针政策模块，主要目的是帮助领导干部更新知识、开阔视野，能够

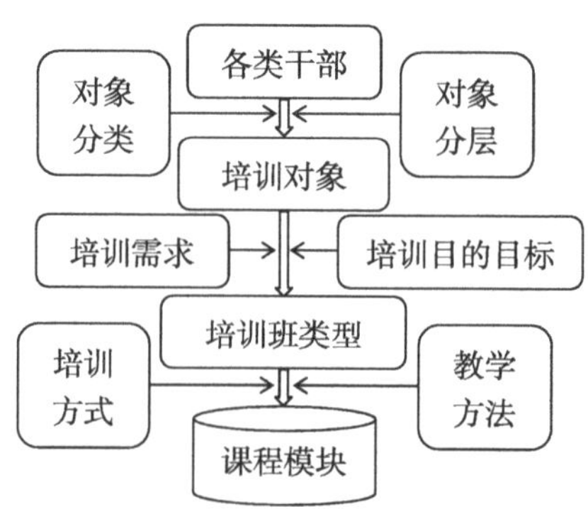

图 4-2　课程模块设计路线

更好地履行职责；行政管理专业及相关知识、管理方法和技能模块，主要目的是增强领导干部的技能建设和处理复杂问题的本领，提高领导干部的业务素质和工作能力；行政道德和行为规范模块，主要目的是强调服务精神，提高领导干部的思想政治素质；自学模块，主要目的是针对不同需求增设选修课，满足学员多样化的需求，进一步提升培训针对性和实效性，等等。表 4-9 列出了主要类型的培训班课程模块。

表 4-9　课程模块设计

序号	培训班类型	课程模块	主要目的	适用教学方法
1	进修班	①政治理论与党建业务；②国家宏观战略；③综合素质能力；④岗位能力建设；⑤学员论坛；⑥自学	①学习贯彻党的路线方针政策，落实党中央决策部署；②学习国家宏观政策，了解形势与任务；③提升党性修养、管理能力和职业素养；④掌握与岗位规范相匹配的通识、业务知识和技能；⑤交流遇到的共性问题及其解决途径；⑥通过选修满足个性化需求	①讲授式；②讲授式；③案例式、互动式（研讨式、模拟式、体验式、访谈式）；④讲授式、案例式、翻转课堂、研究式（结构化研讨、行动学习）、现场教学；⑤交流研讨、分组讨论、经验交流；⑥布置作业、读书、查阅资料、翻转课堂等
2	研修班	①政策解读；②重点任务落实；③专业技能、专业能力建设；④学术沙龙；⑤职业素养；⑥自学	①掌握最新政策要求；②了解形势与任务；③提升专业技能和创新能力；④交流提高研究创新能力的经验方法；⑤帮助干部优化知识结构、完善知识体系、提高综合素养；⑥通过选修满足个性化需求	①讲授式；②讲授式；③讲授式、案例式、翻转课堂、研究式、互动式、现场教学；④交流研讨、分组讨论、经验交流、典型经验介绍；⑤案例式、互动式；⑥布置作业、读书、查阅资料、翻转课堂等
3	初任培训	①党中央指示批示精神；②职业素养；③重点任务落实；④岗位能力提升；⑤学员论坛；⑥自学	①学习贯彻党中央决策部署；②提升职业道德水平；③掌握政策要求，了解形势与任务；④掌握与岗位规范相匹配的通识、业务知识和技能；⑤交流分享提升职业素养和岗位任职力的学习体会；⑥通过选修满足个性化需求	①讲授式；②案例式、互动式；③讲授式；④讲授式、案例式、翻转课堂、研究式、互动式、现场教学；⑤交流研讨、分组讨论、经验交流；⑥布置作业、读书、查阅资料、翻转课堂等

（续）

序号	培训班类型	课程模块	主要目的	适用教学方法
4	任职培训	①政治理论与党性修养；②国家宏观战略；③综合素质能力；④岗位能力建设；⑤学员论坛；⑥自学	①学习贯彻党的路线方针政策，提升党性修养，落实党中央决策部署；②掌握政策要求，了解形势与任务；③提升职业素养，提升执行力；④掌握与岗位规范相匹配的通识、业务知识和技能；⑤交流提升履职能力和执行力的经验方法；⑥通过学员选修满足个性化需求	①讲授式；②讲授式；③案例式、互动式；④讲授式、案例式、翻转课堂、研究式、互动式、现场教学；⑤交流研讨、分组讨论、经验交流；⑥布置作业、读书、查阅资料、翻转课堂等
5	研究班	①政治理论；②政策解读；③重点任务落实；④岗位能力建设；⑤学术沙龙；⑥自学	①掌握唯物辩证法原理及方法论等；②掌握政策要求，提高政策水平；③了解形势与任务；④掌握与岗位规范相匹配的通识、业务知识和技能，提升调查研究能力和解决问题能力；⑤研究遇到的共性问题及其解决途径；⑥通过选修满足个性化需求	①讲授式；②讲授式；③讲授式；④讲授式、案例式、翻转课堂、桌面推演、工作复盘、互动式、研究式、现场教学；⑤交流研讨、分组讨论、经验交流；⑥布置作业、读书、查阅资料、翻转课堂等
6	岗位培训	①政治理论；②重点任务落实；③岗位能力建设；④实践探索；⑤工作交流；⑥自学	①学习贯彻党中央决策部署及指示批示精神；②掌握政策要求，了解当前形势与重点任务；③掌握与岗位规范相匹配的业务知识和专业技能，提升岗位胜任能力；④学习典型经验做法；⑤交流工作中面临的共性问题及其解决途径；⑥通过选修满足个性化需求	①讲授式；②讲授式；③讲授式、案例式、翻转课堂、互动式、研究式、现场教学；④案例式、讲授式；⑤交流研讨、分组讨论、经验交流；⑥布置作业、读书、查阅资料、翻转课堂等

课程模块相对独立和便于灵活组装，每一课程模块直接与学员需求、培训目标相一致，具有实用性、适应性、有效性的特点（罗明娅等，2016）。具体模块设计时需要科学分配不同模块课程比例，使培训课程更加系统性。可以依据培训对象和培训目标对相应的课程模块进行选择或组合，分层分类设计，即针对不同培训目标和培训需求设置可动态调整的课程模块模式（罗明娅等，2016）。

每个课程模块均需要教学方法和师资队伍的匹配。满足多样化的课程模块任务，需要丰富师资结构，合理搭配领导干部、专家学者和先进模范人物、优秀基层干部等授课比例，满足不同类别干部教育培训的需要。通过不同干部教育培训机构之间加强交流合作，联合办学、课题合作研究、师资互派、现场教学等资源共享方式，有效提升培训保障能力。

4.5.3　小结

培训课程模块设计对提升培训课程设计的系统性、科学性和针对性具有重要意义。本节在对主要的培训对象(表 4-1)和培训班进行分类(表 4-2)，解析不同类型培训班的适合培训对象和培训目标(表 4-2)的基础上，梳理课程模块设计原则和方法，依据培训对象和培训目标提出针对不同类型培训班的课程模块及其主要目的和适用教学方法，旨在为干部教育培训课程规范化、专业化设计提供支撑。

培训课程模块设计有利于解决培训课程设计的零碎性和不系统性问题，将有效提升课程针对性。培训班的类型多种、培训对象的类别多样对培训课程模块设计带来不少挑战。课程模块设计的前提在于培训班和培训对象分类精准，关键在于根据培训对象和培训目标准确把握培训对象工作岗位的特点和规范。课程模块并不是一成不变，而具有它的灵活性，当培训班类型和培训对象有变化时，应根据培训班属性和培训对象特点作出相应组合调整，使课程模块有所侧重、突出重点，每个模块课程比例应科学合理搭配，否则失衡模块之间的关联度和协同性，会影响培训课程体系的整体效果。因此，每课程模块课程比例不在于数量而在于精准性，主要按照干部教育培训规律，把培训目标、培训对象、课程模块目的与课程内容紧密结合。其中，按照培训对象类别进行课程模块设计和配置课程比例尤其重要。

培训课程模块设计是一项重要的基础性工作，设计好培训课程模块对干部教育培训规范化、专业化、标准化建设方面具有重要意义，需要通过制定相关制度和标准推进此项工作。

4.6 培训课程智能化设计系统

4.6.1 建立背景

干部教育培训课程设计是一项系统工程，涉及培训学员素质能力、工作岗位、培训需求、培训目标、培训形式、授课主体等要素的庞大而复杂的系统。需要长期跟踪调查研究，分析需求规律，才能科学设计培训课程。通过建立培训课程智能化设计系统，辅助完成干部教育培训这一项长期性、复杂性、艰巨性的工作任务，减少人力物力财力的投入成本，提升工作效率，为推进干部教育培训规范化、专业化、信息化建设提供智力服务。

4.6.2 系统结构

组成该系统结构的主要几个功能模块有培训对象识别判别模块、培训对象分类模块、培训课程库模块、培训师资库模块、智能决策模块等(图 4-3)。该系统需要由庞大的数据信息库来支撑，例如，工作岗位、知识结构和素质能力现状等培训对象的基本信息；适合不同培训对象的培训需求信息；涵盖各层各类培训对象并经过系统分类的培训对象类别信息；与培训对象和培训目标相匹配的培训班类型信息；适合不同培训对象的各类培训课程信息；与不同培训对象相适应的培训方式、各类师资和教学方法信息，等等。

4.6.3　系统功能

该系统主要功能有信息采集和分析功能、培训对象识别判别功能、培训对象分类功能、智能决策功能等(图 4-3)。

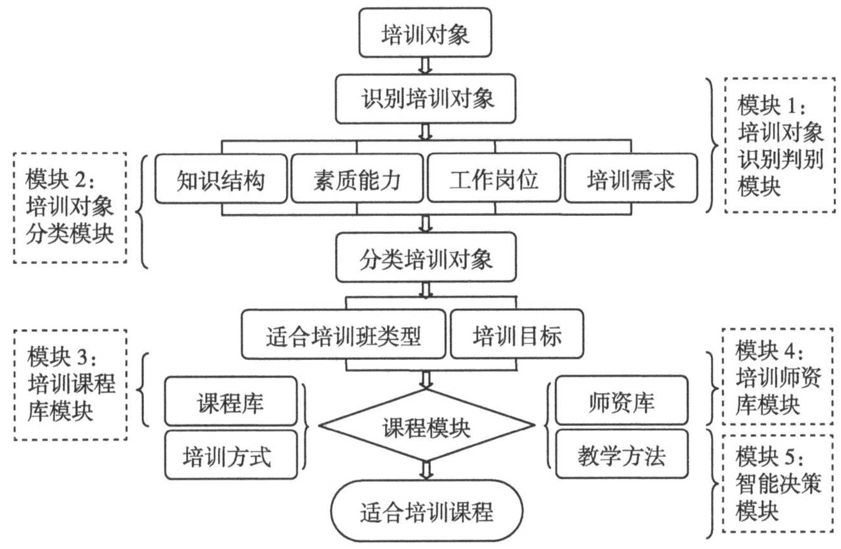

图 4-3　培训课程智能化设计系统

4.6.3.1　信息采集和分析功能

首先，采集培训对象基本信息。培训对象登录该系统后，通过填写相关调查问卷的方式完成，包括培训对象的单位性质、年龄、学历学位、专业背景、工作岗位性质、现岗位任职年限、职务职称、参加培训情况(培训主题、培训内容、培训方式、教学方法、培训师资)、通过培训满足需求情况等，为分析培训对象的知识结构、素质能力、工作岗位要求提供信息。其次，调查分析培训需求。培训对象登录该系统后，通过填写相关调查问卷的方式完成，包括培训内容、培训方式、培训师资、教学方法等。通过调查分析培训对象的培训需求，为培训课程设计和识别培训对象提供支撑。

4.6.3.2 培训对象识别判别功能

对录入系统的培训对象相关信息进行加工处理后，提取关键的信息，与该系统设置的重点参数指标进行对比分析，研判培训对象知识结构、素质能力现状、工作岗位要求以及培训需求情况等，精准识别培训对象和科学准确定位，为培训对象归类提供支撑。

4.6.3.3 培训对象分类功能

在识别判别培训对象基础上，精准分类培训对象，为科学制定培训目标和选定适合参加的培训班类型提供支撑。在干部教育培训中，精准分类培训对象是一项极其重要的基础工作，对科学制定培训方案，有效提升培训针对性具有重要意义。只要培训对象分类准确，就能够做到“对号入座”，能够避免出现“张冠李戴”问题。培训对象分类详见表4-1，培训班类型详见表4-2，在此不再赘述。

4.6.3.4 智能决策功能

该系统的最终目标是设计出与培训对象相适合的培训课程。该系统智能决策需要几个过程。首先，在精准分类培训对象基础上，结合培训对象现状和培训需求，提出适合参加的培训班类型和相应的培训目标。其次，针对培训对象特点，智能配置培训课程模块。最后，在培训课程模块下，结合培训对象工作岗位、知识结构、素质能力、培训需求，从该系统的培训课程库中配置适合的培训课程，从师资库中配置相适应的培训师资，同时与培训对象相匹配形成培训方式和教学方法等。

该系统的上述功能均能够在智能化情况下完成，为培训相关工作人员提供便利条件，极大地提高工作效率。但该系统的培训需求、培训课程库、培训师资库等相关数据信息必须及时更新迭代，才能更好地满足培训对象多样化需求，提升培训质量。

第5章

林业和草原干部教育培训组织实施

5.1　培训班规范命名方法

随着信息技术的高速发展，名称规范控制(贾君枝等，2014；李慧佳等，2016)工作，显得尤为重要。培训班名称规范控制是干部教育培训规范化管理和科学制定培训计划的重要基础之一，对干部教育培训科学化、规范化、标准化建设具有重要意义。

当前，许多培训班名称存在命名方式不够统一和不规范表述的问题，这将对干部教育培训相关资源共享，培训成果检索、汇总及统计工作造成一定的影响。培训班名称里应该有哪些信息，具备哪些要素，如何体现培训内容和对象，让读者了解哪些内容等；同一培训领域或者培训内容，培训对象不同时如何表述培训班名称，或者同一培训对象不同培训领域或培训内容时又该如何表述才更加科学等，这一系列问题需要深入研究探讨。本节分析了培训班命名的不规范现象，探讨规范命名的原则与方法，提出相关对策建议，旨在为推进干部教育培训班命名规范化，提升专业化和精细化管理水平。

5.1.1 材料与方法

利用林业系统 2016—2018 年度 1127 期干部培训班数据，根据培训班名称特点，按照命名方式进行分类(表 5-1)，应用 Excel 软件进行统计分析。

5.1.2 结果与分析

5.1.2.1 培训班命名方式现状

当前，培训班命名方式复杂多样，大体上可以分成 19 个基本类型(表 5-1)。其中，以“业务内容”“培训范围+业务内容”“培训范围+培训对象”等三种命名方式为主要类型，占培训班总期数的比例达 78.26%。以这三种方式命名的培训班期数比例分别为 45.87%、22.89%、9.49%。其中以“业务内容”为命名的培训班数量最多。无论何种命名方式，均由培训对象、培训目的、业务内容、培训范围等 4 个要素中的 1~3 个要素所组成。

按常理，一期培训班的名称主要由两个基本要素组成，这两个要素缺一不可，那就是“培训对象”和“培训内容或业务内容”两个要素。表 5-1 数据显示，命名方式中同时含有这两个要素的培训班期数共 104 期，仅占总期数的 9.23%，说明多数培训班命名方式已偏离了培训班名称中应该体现关键信息的这一基本原则，不规范命名的现象普遍存在。

表 5-1 不同命名方式的培训班期数及其所占比例

序号	命名方式	期数	比例(%)
1	培训对象	49	4.35
2	培训对象+培训目的	59	5.24

（续）

序号	命名方式	期数	比例(%)
3	培训对象+业务内容	24	2.13
4	培训范围	3	0.27
5	培训范围+培训对象	107	9.49
6	培训范围+培训对象+培训目的	4	0.35
7	培训范围+培训对象+业务内容	14	1.24
8	培训范围+培训目的	5	0.44
9	培训范围+业务内容	258	22.89
10	培训范围+业务内容+培训对象	17	1.51
11	培训范围+业务内容+培训目的	3	0.27
12	培训目的	3	0.27
13	培训目的+培训对象	5	0.44
14	培训目的+业务内容	2	0.18
15	业务内容	517	45.87
16	业务内容+培训对象	48	4.26
17	业务内容+培训对象+培训目的	1	0.09
18	业务内容+培训范围	2	0.18
19	业务内容+培训目的	6	0.53
合计		1127	100.00

5.1.2.2　问题与原因分析

目前，干部教育培训班命名缺乏统一规范标准和管理办法，导致了命名不够规范、不尽科学合理，出现了类型多样的命名方式。培训班的名称无非要体现培训主题和培训对象，让大家了解该培训班的主要培训内容是什么、主要培训什么样的人。但现在的实际情况为培训班应该具有的信息缺失，赘述内容多，表述不完整而导致培训内容模糊、培训对象不明确的问题。对培训统计管理、信息宣传报到带来诸多不便，甚至会出现容易误导的现象。

出现上述情况，原因是多方面的。首先，对规范命名的重视程度不够，行政办理流程中缺乏相关制度和机制体系。由于缺乏相关参照标准，计划申报时不够严谨，培训项目审批时把关不够严格，导致容易出现漏洞。其次，干部教育培训策划人员的责任心和严谨程度决定了规范命名的执行力。当前缺乏对培训策划人员的规范化管理的专题培训，缺乏科学的技术方法，缺少规范管理措施，依据惯性思维和经验方法为培训班命名的现象普遍存在。

5.1.3 命名原则与方法

在培训班名称中以何种方式，体现多少信息量是标准化的问题。首先，出台相关管理办法或制定相关标准，明确规范命名原则与方法。在此基础上，应加强干部教育培训相关单位从业人员的专项培训，提高认识，掌握相关方法技巧，规范命名行为。

其次，在相关标准出台之前，需要明确名称的结构、命名基本方式、名称用词原则等。名称中应该有哪些信息？笔者认为培训对象、培训内容或业务内容、培训班类型等这三个要素是应必备的。除此之外，培训范围、培训目的等要素是可有可无的，缺了后两个要素将不会影响培训名称的完整表述。以培训对象为主，兼顾业务内容并体现培训班类型的方式命名比较合理。培训班类型有很多种，如进修班、研修班、研究班、轮训班、读书班等，能够体现培训班的性质。培训范围一般有全国性、某区域范围、某个单位等，除了专业性较强的专题培训班之外，培训范围可以省略，在办班通知中一般会有比较具体的培训范围和名额分配。尽管单独以“培训目的”作为培训班名称的较少，但带有“培训目的”性质的培训班名称不在少数，已占 7.8%(表 5-1)。培训目的毋庸置疑就是为提升或提高学员素质和业务能力，或建设某一方面的能力，因此在培训班名称中可以将培训目的省略，因为在办班通知中一般都会交代具体的培训目的。

笔者认为培训班名称应明晰，易于识别，除了“习惯认同”的原则以外，应突出准确性、完整性，把握科学、简洁命名的原则。简单的理解就是围绕培训谁、培训什么内容等两个基本原则问题进行命名，其他要素都可以简化。如果将一期培训班视作为一本书，那么培训班名称就是书名，全面概括和表述书的核心内容。如视作一篇论文，那么培训班名称就是论文题目，应达到画龙点睛的效果。简明扼要反应培训对象和内容，才能有效克服前述命名方式中的种种弊端。规范的培训班名称必然给学员提供明确的信息，一目了然地了解培训主题和目的，应尽量减少模糊化的信息。

最后，培训班名称该不该有字数限制？如果要有限制应该大致限在多少字以内，这是值得考虑的问题。但不同行业、不同领域，其培训业务内容术语字数长短不一致，因此难以做到统一要求，但可以考虑在 20 字以内。

5.1.4　小结

培训班规范命名对干部教育培训规范化管理及标准化建设具有重要意义。本节利用林业系统 1127 期培训班的数据，对培训班命名方式进行分类，分析培训班命名方式现状，解析不规范命名的主要问题及原因，针对存在的问题提出具体对策建议，并探讨了规范命名的原则与方法，旨在为推进干部教育培训标准化提供技术支撑。

5.2 培训实施创新方法

干部教育培训管理已进入以信息化、个性化及精细化为特征的发展时期。提高资源利用率、优化资源配置效能、深度挖掘信息价值及整合信息资源是干部培训信息化管理的特点和方向（谭蕾，2015）。充分运用现代信息技术，提高干部教育培训教学和管理信息化水平是在《干部教育培训工作条例》中所提出的对新时期干部教育培训工作的具体要求。

培训需求调查，学员报名、报到，现场教学，学员接送，教学评估等是干部教育培训组织实施的重要环节，烦琐、人力投入较大、技术含量较低的工作均集中体现在此环节中。与基于信息化手段的先进培训实施方法相比较，传统的组织实施方式对人力、物力和财力的投入较大，效率低，不够科学等问题暴露无遗。随着培训业务量逐渐增大，传统的管理方式从技术上、效率上都难以适应发展需要(李雪玲，2016)，需要创新方式方法，充分利用信息化手段，提升干部教育培训工作的实效性，缓解干部培训供需方的矛盾（才吉卓玛，2017）。

培训管理工作的信息化是干部教育培训的发展基础。随着信息化技术的发展，微博、微信、客户端、二维码等各项信息手段的利用率越来越普及，干部教育培训中急需使用这些信息化手段提升科学性、效率性。因此，一般性组织实施环节完全可以通过信息化手段实现高效化，可以节省成本，将有限的人力和精力投入于科学选定的培训主题，准确把握培训需求，精心设计培训课程等与培训质量和实效性密切相关的技术环节，从而尽可能减少工作人员的劳动强度。目前围绕干部教育培训方式方法创新(边红军，2008；胡丁月，2017)、信息化建设的研究屡见报道(胡哲等，2013；龚晨，2017)，但对培训组织实施具体环节的创新问题鲜见报道，需要深入分析研究，为推进干部教育培训实施高效化、科学化提供参考。

干部教育培训组织实施环节较多。一般主要有培训需求调查、课程设计、聘请授课专家、经费预算编制、培训通知印发、招收学员、培训材料印刷、学员报到、学员食宿安排、会场布置、组织室内教学、现场教学、培训班质量评估、学员考核、经费决算编制，等等。但本节主要挑选其中需要人力投入较大、程序烦琐的几个主要环节，探讨其改进方法、信息化手段应用问题，便于提高培训组织实施工作的科学高效。

5.2.1　传统实施方式的不足

5.2.1.1　需求调查

需求调查是培训组织实施工作的开端。学员培训需求是针对性地设计课程，聘请授课专家的客观依据。从教学设计入手，突出问题导向，使课程内容始终紧贴实际，为实际工作服务(陈燕楠，2012)，让学员参与培训组织实施关键环节(玉宝，2016)，建立自选培训机制，构建自主培训和“菜单式”培训模式(玉宝等，2016)，是确保培训质量、提升培训实效性的重要措施。传统的培训需求以组织需求为主，忽略了学员个体需求；培训需求调查方式以调研、访谈、问卷调查等方式开展，具有显著的局部性、片面性特征，代表性、针对性、实用性较差，不够科学，所了解到的培训需求，不足以支撑培训课程设计，往往与学员的实际需求存在较大的差异等问题。完成此项工作也会耗费大量的时间和精力，需要投入大量的人力、物力和财力，而且实践证明效率并不高。

5.2.1.2　学员报名

报名是学员参与干部教育培训组织实施工作的开始。在传统的干部教育培训中，有关单位收到办班通知以后，组织人员以邮件、传真或电话形式报名，提交报名回执表。培训组织方工作人员对每位学员回执表逐一整理，并按照各省份行政区划顺序排序形成学员名单。此环节工作量大，相对烦琐，需要专人承担此项工作，在人为调整和整理过程中容易出现错误，时效性较差。如一期全国性的5~6天的培训班的报名回执工作就需要7天左右的时间整理，难以在短时间内集中完成，耗费大量的工作精力。

5.2.1.3　学员报到

学员报到是培训组织实施中人力投入较大、要求较高的重要环节之一，也是检验组织实施工作的细致性、实效性、衔接性的重要指标。以一期全国性的培训班为例，来自不同省份的学员集中到培训地点，到达时间具有零散性；培训班一般报到期限为一天，具有集中性；来自不同地区的学员到达时间多样，报到工作往往从早上延伸到夜里甚至到深夜，具有时间上的连续性；由于交通工具、天气等因素，往往出现计划到达时间延误等现象，具有实际报到时间的不确定性等特征。在此项工作中，传统做法是安排1~2位专人负责报到工作，投入一天的工作量，从时间、人力投入来讲效率并不高。

5.2.1.4　接送服务

由于学员的到达和返程时间往往不够统一、不够集中，所选乘的交通工具不同等原因，使得学员的接送工作变得格外烦琐。需要专人细致、准确地掌握每位学员的到达和返程时间、交通工具等信息。传统的做法是在统一登记表中，每位学员将自己的到达和返程时间、车次、航班信息逐一填写后，培训组织方将其录入电脑并按时间进行排序，根据同一时间内返程或到达时间，安排相应的车辆。此项工作不仅工作量大也需要安排几位专人才能完成，而且容易出现错误或遗漏的问题，也存在实际工作效率偏低等问题。尤其交通延误时，未能及时更新相关信息，对培训组织方和学员双方都带来诸多不便。

5.2.1.5 现场教学

现场教学具有出发时间的统一性、集中性以及学员上下车的次数多等特点。该环节对组织工作的效率性、准确性方面要求较高。在学员人数较多的情况下，给培训组织方带来不小的挑战。在现场教学环节中，每次上下车都需要重新统计每辆车上的学员人数，确认是否对号乘车。传统的方式是按照学员乘车分组情况，进行点名，确保学员按时乘车，确认学员是否全部返回车上或者快速确认哪位学员缺席等。此项工作比较烦琐，对工作细致性方面有较高的要求，也容易出现遗漏问题，必须每辆车上配备工作人员承担此项工作。这样传统的方式存在耗费时间多、人员投入较多、效率不高等问题。

5.2.1.6 学员考勤

学员考勤是为提高学员出勤率，保证培训效果，监督学员参与培训全过程所采取的约束性管理措施。传统的做法是以点名或者签到的方式进行考勤，当学员人数较多、培训期限较长时，每天重复性完成考勤工作，不仅需要投入不少人力、物力，还占用大量的时间。需要使用更加简便和高效的方式进行考勤工作，提高工作效率，减少各项投入成本。

5.2.1.7 培训评估

学员对培训工作的评价是改进培训实施、提升培训质量的重要依据。传统的做法是培训组织方发放纸质版的评估表，让每位学员进行评价，工作人员再回收，录入电脑进行统计分析才能得出评估情况。或者让学员登录电脑系统进行填写相应表格完成评估工作。无论何种方式，此项工作也耗费大量的时间和人力。在培训人数较多情况下，长此以往也会需要不菲的成本，尤其前一种方式会大大增加成本。

5.2.2 培训实施创新方法

在“大数据”背景下，信息化管理是干部培训工作发展的必然趋势，是具有战略意义和前瞻性的重要举措。随着培训总量快速上升，管理的效能瓶颈和资源瓶颈亟待突破，信息化管理和效能化建设已成迫切需要(谭蕾，2015)。创新理念和方式，解决传统培训实施方式的弊端，开发出相应的软件系统，使其在培训组织各个环节中应用，可以促进干部教育培训进一步科学化和精细化建设。

5.2.2.1 做好相关基础性工作

首先，在开发相关软件之前，设计好相关的统计表格和调查问卷等，如学员报名统计表、培训需求调查问卷(包括培训教学方式方法)、学员报到统计表、学员接送站统计表、学员考勤统计表、现场教学乘车统计表、培训评估统计表以及相应的汇总输出的图表等。尤其根据培训主题、领域、对象，针对性地设计培训需求调查问卷极其重要。这是一项基础性、长期性的工作，也是确保软件实用性、科学性和效率性的重要前提。必须深入、全面、科学、细致地设计好，并根据实际需要、实践应用情况及时地进行改进。

其次，做好软件开发设计工作。系统应具备学员报名、需求调查、学员报到、接送服务、现场教学、学员考勤、培训评估等多个板块，具有相对独立性，但应体现不可分割的有机整体，在不同的环节使用不同的板块功能。力求软件系统简单、方便、实用、高效、科学，体现系统性、移动性、动态性、及时性。各类图表自动生成功能，能减少人力、物力和财力投入，节约成本，提高准确性、高效性。节省人力成本，将有限的人力解放出来，投入更具技术性的工作，从而使干部教育培训规范化、标准化、科学化，进一步提升针对性和实效性。

5.2.2.2　充分利用信息化技术

利用信息化手段，设置二维码，把学员报名、需求调查、学员报到、接送送服务、现场教学、培训评估等各个环节均在相关系统里完成，从而充分弥补传统组织实施方式的不足。在办班通知上附二维码，让学员手机扫二维码，引导学员填写相关信息提交和培训需求等。该系统自动生成相关图表，工作人员能及时掌握学员报名情况以及需求情况。例如，按照各省份行政区划顺序排序形成学员名单；按照到达时间、交通工具、车次(航班号)分类生成图表，工作人员以此依据做好接站准备；根据学员提交的需求来设计课程，聘请专家，提高针对性。

在报到处设置二维码，学员到达以后扫二维码，自助进行报到，并领取材料，办理入住手续。工作人员及时看到学员实际报到情况，如出现报名学员临时被替换、或干脆未报名直接来报到等情况时，系统以某种方式提示工作人员。根据学员实际报到情况，自动整理出 Excel 格式的学员名单，无须再人为进行整理排版和调整，大大减少人力投入，提高工作效率。

让学员自助扫二维码，提交返程信息，系统按时间、所乘交通工具等情况分类生成统计表，工作人员根据该表相应安排车辆。在现场教学时，也可通过扫二维码及时掌握学员乘车人数，系统自动提示哪位学员还未乘车等信息。参观多个地方，需要多次上下车时，可以反复扫码确认学员是否全部返回车上或者快速发现哪位学员未上车等，对工作人员带来极大的便利。

同理，考勤学员时，通过扫二维码准确及时地掌握已到场的学员、迟到的学员以及未到教室的学员的姓名和迟到时间等信息，并能够快速地汇总出来，大大节省人力和物力，有效提升学员管理工作效率。对培训每个课程、现场教学等均可通过二维码快速及时进行评估，系统自动统计分析生成图表，不仅降低成本，而且能快速、准确地统计出结果。

《干部教育培训工作条例》中明确，干部教育培训应当根据内容要求和干部特点，综合运用讲授式、研讨式、案例式、模拟式、体验式等教学方法。这必然根据培训需求，选定适合的方法，才能确保培训质量。培训项目的成功与否取决于其针对性和实效性，取决于对组织需求、岗位需求、个人需求的满足和引领，这是培训目标体系的最高价值，能强化组织调训和个人选学相结合，并规范自主选学的比例(宋今等，2015)，这些是传统培训组织实施中难以解决的问题之一。尤其需求调查分析是培训组织实施信息手段的优势所在，使传统培训需求调查中的弊端可以被完全克服，准确无误地了解实际需求，为确保培训针对性奠定基础。

5.2.3 小结

本节从学员培训需求调查、报名、报到、接送站、现场教学、考勤以及培训评估等人力物力投入较大、耗费时间和精力较多的 7 个主要环节，分析当前干部教育培训传统组织实施方法中的不足及存在的突出问题，探讨了如何利用信息化技术手段弥补其不足的问题，并提出了针对性的解决对策措施，可为创新干部教育培训组织实施方式方法、提高工作效率、降低成本、提升培训质量提供参考。

5.3　培训质量评判标准

培训质量评估是检验培训设计和实施的重要手段，也是提升干部教育培训质量的有效措施，可为改进培训方式方法提供重要依据。我国干部教育培训评估工作起步较晚，2003 年人力资源和社会保障部印发《关于进一步加强国家公务员培训质量评估工作的意见》后，才开始在干部教育培训评估办法和指标体系方面有了尝试(刘利波等，2017)。近年来，干部教育培训质量评估方法、评估内容、指标体系逐步完善，但仍存在培训质量评估的体制机制不健全，评估主体单一，评估方法过于简单，评估结果功能未发挥最大效用，评估指标体系科学性差，尚未建立起统一、系统、完整、科学的评估指标体系及标准等问题(李亮等，2018；王彩云，2021)。目前，干部教育培训质量评估相关研究主要围绕评估方法(席世浩等，2019；王彩云，2021)、评估机制措施(陈刚等，2018)、评估中存在的问题与对策(李亮等，2018)、评估指标体系(谢劲，2012；陈芳等，2012；彭世杰，2016；刘利波等，2017；席世浩等，2019；崔晓军等，2022)、评估等级(刘利波等，2017)等方面开展，对评估结果量化评判标准方面的研究未见报道。如何科学评判学员对培训质量的满意率，怎样合理界定其范围，满意率为多少时方可认定为该培训班已达到预期的效果、实现了培训目标、质量已达标，这是涉及培训规范化和标准化建设的科学问题。国际标准化组织(ISO)于1999年颁布的ISO 10015(现行ISO 10015：2019)《质量管理—培训指南》(徐纯烈等，2006；李翠林，2007；International Organization for Standardization，2019)和GB/T 19025—2023《质量管理能力管理和人员发展指南》等国家标准(中华人民共和国国家质量监督检验检疫总局等，2012；中华人民共和国国家质量监督检验检疫总局等，2016；国家市场监督管理总局等，2023)中均明确了培训质量评估程序、要求以及相关指标，但缺乏评判培训质量的量化标准，有待进一步深入研究。

开展干部教育培训质量评估的主要目的是改善教育培训的管理与实施水平、促进办学质量的提升、提高培训质量(李亮等，2018；陈刚等，2018)。因此，研究干部教育培训质量的量化评判标准，对科学评估培训效果具有重要意义。学员是培训质量评估的主体之一，学员知识的获得、能力的提高、态度的改变、工作绩效的提升等均能充分体现培训质量与培训效果(陈刚等，2018)。对以学员为主的培训评估主体的评估结果，以什么样的维度、以何种依据或标准来衡量和评判是评估培训质量的关键技术问题。本节对54期培训班学员进行了问卷调查，利用统计分析方法，分析确定了培训质量的评判标准，旨在为科学评估干部教育培训质量、改进培训工作提供技术参考。

5.3.1 研究方法

5.3.1.1 评估指标设置

评估指标共16个，将其划分为培训质量评估指标(培训设计、培训实施、培训管理、培训效果）和课程质量评估指标（教学内容、教学方法、教学效果）两大类。其中，培训设计包含与培训需求的适配度、师资配备的适合度、时间安排的合理性等 3 个指标；培训实施包含教学内容的满意度、教学方法的有效性、教学组织的有序性、现场教学的针对性等 4 个指标；培训管理包含校风校纪、学员管理与学习风气、就餐服务、住宿服务等 4 个指标；培训效果包含对实际工作的帮助、对能力素养的提高等 2 个指标（表 5-2）。

表 5-2　最终聚类中心

评估指标	聚类（%）			评估指标	聚类（%）		
	1	2	3		1	2	3
与培训需求的适配度	100	88	96	师资配备的适合度	100	96	91
时间安排的合理性	99	80	93	教学内容的满意度	100	97	94
教学方法的有效性	100	94	97	教学组织的有序性	100	92	96
现场教学的针对性	99	94	88	校风校纪	94	98	100
学员管理与学习风气	94	100	97	就餐服务	91	98	82
住宿服务	68	97	85	对实际工作的帮助	95	100	91
对能力素养的提高	94	100	97	教学内容	100	97	91
教学方法	100	96	88	教学效果	99	94	86

5.3.1.2　数据来源

对 54 期培训班学员开展了培训质量评估问卷调查，共发放问卷 3708 份，回收有效问卷 3016 份。调查问卷分为培训班质量评估问卷和培训课程质量评估问卷 2 种，共 16 个评估指标。其中，培训班质量评估问卷有 4 项共 13 个评估指标，培训课程质量评估问卷共有 3 个评估指标。对学员评估结果进行详细汇总，学员满意率以百分比的形式呈现。

5.3.1.3 分析方法

应用Excel软件对培训质量评估问卷调查数据进行计算处理，运用SPSS软件进行相关性分析以及检验等数据统计分析，使用K均值聚类法对样本数据进行聚类分析。

5.3.2 结果与分析

5.3.2.1 聚类特征

对聚类结果的类别间距离进行方差分析，结果表明，类别间距离差异呈极显著差异($P<0.01$)，聚类分析有效(表5-3)。经聚类分析，学员满意率可分为三个聚类类别，其结果具有以下三个明显的特点。一是学员满意率水平在不同评估指标间有明显的差异性，满意率最低68%，最高达100%。统计结果说明，学员对不同评估指标的评价因人而异，存在个体差异，即学员对不同评估指标的敏感度和需求有较大差别。二是不同聚类类别的学员满意率变化幅度在各评估指标间有明显不同。例如，评估指标满意率变化幅度较大的是“住宿服务”，满意率变化幅度为68%~97%，这说明学员对住宿服务需求整体上差异较大，部分学员对住宿服务不太满意。满意率变化幅度较小的是“教学方法的有效性”“学员管理与学习风气”“对能力素养的提高”“教学内容的满意度”和“校风校纪”等5个评估指标，变化幅度为94%~100%，这说明学员对培训内容、培训管理、教学方法、内容的针对性等方面普遍较满意。三是不同聚类类别的个数分配在各评估指标间有较大的差异性(表5-4)。整体上看，各评估指标不同聚类类别的个数按照学员满意率从高到低，依次递减，说明多数学员满意率较高，满意率相对低的占少数。

表 5-3　方差分析

评估指标	聚类		误差		F	P
	均方	自由度	均方	自由度		
与培训需求的适配度	0. 015	2	0	51	237. 064	0. 000
师资配备的适合度	0. 008	2	0	51	125. 815	0. 000
时间安排的合理性	0. 029	2	0	51	125. 303	0. 000
教学内容的满意度	0. 009	2	0	51	268. 817	0. 000
教学方法的有效性	0. 012	2	0	51	369. 494	0. 000
教学组织的有序性	0. 008	2	0	51	141. 523	0. 000
现场教学的针对性	0. 016	2	0	49	87. 503	0. 000
校风校纪	0. 005	2	0	51	531. 605	0. 000
学员管理与学习风气	0. 006	2	0	51	310. 466	0. 000
就餐服务	0. 035	2	0	51	88. 337	0. 000
住宿服务	0. 170	2	0	51	142. 527	0. 000
对实际工作的帮助	0. 019	2	0	51	177. 234	0. 000
对能力素养的提高	0. 011	2	0	51	332. 521	0. 000
教学内容	0. 072	2	0	270	802. 824	0. 000
教学方法	0. 117	2	0	270	788. 632	0. 000
教学效果	0. 121	2	0	270	534. 892	0. 000

表 5-4　每个聚类中的个案数目

评估指标	聚类			评估指标	聚类		
	1	2	3		1	2	3
与培训需求的适配度	35	1	18	师资配备的适合度	43	10	1
时间安排的合理性	44	1	9	教学内容的满意度	36	13	5
教学方法的有效性	29	10	15	教学组织的有序性	43	1	10
现场教学的针对性	39	12	1	校风校纪	3	11	40
学员管理与学习风气	3	41	10	就餐服务	12	41	1
住宿服务	3	33	18	对实际工作的帮助	18	34	2
对能力素养的提高	6	28	20	教学内容	152	107	14
教学方法	164	94	15	教学效果	184	82	7

5.3.2.2 分析评判标准

不同培训班的培训质量和课程质量评估结果都会有差别，满意率有高有低，参差不齐。每一期培训班的培训质量满意率和培训课程质量满意率应该达到什么水平才认定为符合培训效果要求，这需要界定和量化具体标准。为了进一步分析评判学员对3个聚类类别不同指标的满意率水平，分别测算了培训质量评估、课程质量评估2大类评估指标的平均值和综合平均值，经计算，各聚类类别的培训质量评估指标(13个指标)和课程质量评估指标(3个指标)的平均值分别为99.5%、94.8%、88.5%，99.7%、95.7%、88.3%(详见表5-5)。综合平均值(16个指标)为99.5%、94.9%、88.4%。各聚类类别的培训质量和课程质量满意率的平均值变幅相近，分别为88.5%~99.5%和88.3%~99.7%。

在培训班质量评估指标中，住宿服务和就餐服务在个别班次中有满意率较低的情况，分别为68%和82%，这导致培训管理评估指标的满意率平均值仅为84.5%。住宿服务和就餐服务这2个指标属于基础设施和硬件条件，受制约因素较多，与办班地点、场所选择以及学员主观感受有直接关系，难以完全避免满意率较低这种情况的发生。尽管在本研究中，培训质量评估指标和课程质量评估指标的平均满意率均高于88.3%，但为充分体现评估结果的客观性、科学性和严谨性，不仅要考虑满意率的综合平均值，也应该考虑单个评估指标的满意率。因此，本研究认为满意率评判标准在3个聚类类别平均值基础上适当调整是有必要的，而且是合理的。综合分析认为，以3个聚类类别各评估指标满意率最低值84.5%(表5-5)作为评判标准，满意率达到85%及以上可以认为培训达到预期目标。

表5-5　各类别不同指标平均值

培训班质量评估指标	聚类(%)			课程质量评估指标	聚类(%)		
	1	2	3		1	2	3
培训设计	99.7	95.0	86.3	教学内容	100.0	97.0	91.0
培训实施	99.8	96.0	92.0	教学方法	100.0	96.0	88.0
培训管理	98.8	92.8	84.5	教学效果	99.0	94.0	86.0
培训效果	100.0	96.0	92.5				
平均	99.5	94.8	88.5	平均	99.7	95.7	88.3

5.3.3　结论与讨论

在干部教育培训中，培训评估是检验培训质量、改进课程设计的重要环节，培训评估结果可为改进培训工作提供重要依据。评估培训质量离不开科学的评估指标和评判标准，对学员满意率的高低如何进行评判，也就是说一期培训班的学员满意率达到什么水平才可认为这个培训班达到了预期的效果、质量达标、实现了培训目标，这是当前培训工作中面临的重要课题之一。因此，制定评判标准具有重要意义，科学的评判标准可使干部教育培训评估更加规范化、科学化、专业化，为培训效果评价提供重要参照依据。学员培训需求很难百分之百得到满足，培训评估也不可能要求达到百分之百的满意率，所以，与培训需求相匹配的培训满意率是比较合理的。

本研究利用54期培训班学员的3016份问卷调查数据，对学员满意率指标进行聚类分析，认为适合将满意率分为3类聚类类别。经方差分析，不同聚类类别之间的差异呈极显著($P<0.01$)，聚类分析有效。经综合分析，当学员平均满意率达到85%及以上时，可以认为培训效果达到了预期的效果，培训班达到了培训质量要求，实

现了培训目标；当平均满意率低于85%的水平时，可认定培训质量未达标，需要改进。

本研究采用的评估指标分为2大类共16个指标，那么，确定评判标准时，是以16个评估指标的平均满意率的最低值为标准，还是以所有单个评估指标的满意率均达到这个最低值及以上为标准，这个问题需要明确。本研究认为，不能忽略单个指标的满意率。因为每一个评估指标都可能会影响培训整体质量水平，如果不及时改进，久而久之就会影响培训效果。界定评判标准时，在考虑3个聚类类别各评估指标满意率最低值84.5%的基础上，既要考虑各指标满意率综合平均值，也要兼顾单个指标满意率。因此，取平均满意率最低值84.5%的整数85%为最低标准，满意率评判标准以所有单个评估指标满意率均达到85%及以上为合理。当学员对16个评估指标中任意一个评估指标的满意率低于85%时，说明该评估指标所体现的工作质量还不能满足学员的需求，应该把该评估结果反馈到培训工作中，分析找出问题原因，有针对性地改进和完善培训工作。本研究认为，培训质量达标的评判标准应同时满足平均满意率和所有单个评估指标满意率均达到85%及以上的条件。

本研究未将培训需求调查分析、学员学习层级评估、学员行为层级评估以及学员结果层级评估(陈刚等，2018)情况列入评估指标中，评估反映的仅仅是学员反应层级评估(陈刚等，2018)。下一步需要再丰富评估指标和评估主体，培训后跟踪调查学员情况(玉宝，2016)。

5.3.4 小结

探讨干部教育培训质量的量化评判标准对科学评估培训效果具

有重要意义，可为检验培训质量、改进培训工作提供重要依据。本节通过问卷调查数据的聚类分析，提出了培训质量评判参考标准，以期为干部教育培训规范化、标准化、专业化建设提供参考。研究表明，当学员平均满意率及所有单个评估指标满意率均达到85%及以上时，可以认定培训达到预期效果，实现了培训目标。当学员平均满意率低于85%时，说明培训工作需要改进；其中任一评估指标的满意率低于85%时，说明该评估指标所体现的工作质量不能满足学员要求，应将其反馈到培训工作中，分析原因并进行改进提升。

5.4　培训主题选择实例

本节以林业援外培训工作为例，探讨林业援外培训主题选择问题。林业援外培训是林业对外宣传的有效手段，是促进林业国际合作的重要渠道，是输出我国林业发展理念、经验和技术的重要途径，对促进我国林业"走出去"，提升国际影响力，展示我国软实力，让国际社会了解我国林业政策措施和立场等方面具有重要意义。在林业援外培训主题选择和培训需求生成机制未健全之前，如何有效兼顾我国战略需求和受援国培训需求，科学选定培训主题是关键问题，需要考虑多方面因素，兼顾多种影响要素，平衡各方效益。

林业援外培训可选择的主题有很多，如围绕国家援外战略、我国林业国际合作需求、宣传我国林业发展成绩、改善受援国民生、促进受援国可持续发展等。选择不同主题所产生的效益和影响将会不同，需要以科学、严谨的态度对待培训主题选择的问题。目前，林业援外培训主要依据承办单位各自优势、我国林业优势领域以及国际林业热点问题等，确定培训主题，设置培训课程，难免出现与援外战略、林业国际合作战略契合度不够等问题，影响援外培训效果和效益，需要充分利用援外培训平台，进一步拓宽培训主题，积极宣传，展示实力，提高影响力，推进合作，促进林业“走出去”。

选何种主题是战略问题，如何选择、怎样设计内容是战术问题，均涉及援外培训目的、目标、影响和效益，是值得重视和探讨的问题。本节围绕国家外交大局和国际产能合作、受援国需求、我国林业优势领域、涉林国际公约、林产品贸易、林业国际合作、林业“走出去”、林业热点问题等方面分析援外培训主题生成可能性，提出可选择的重点培训主题，旨在为规范林业援外培训管理，培训主题申报，提升培训实效性，提供参考和依据。

5.4.1 围绕国家外交大局、国际产能合作

5.4.1.1 主题生成的可行性

十八大以来，中国外交实现了实践、理念以及制度等多个层面的创新，如“一带一路”倡议的提出和落地、亚洲基础设施投资银行的设立、“命运共同体理念”的提出等(张清民，2016)。随着经济全球化深入发展，我国实施“一带一路”战略的大背景下，国际产能合作是助力“中国制造”走向世界、占据产业链制高点的重要路径，是我国主动适应经济新常态的一项重要战略举措，也是我国企业积极适应经济全球化的变化趋势、参与国际产业分工，利用两个市场、两种资源的一种必然选择(卓丽洪等，2015；郭朝先等，2016)。援外培训可为深入宣传我国生态建设所取得的经验成效，展示我国对全球生态治理和自然保护所做出的贡献提供良好渠道；将为加强与“一带一路”相关国家合作，分享经验，传授先进技术，国际产能合

作，共促生态治理，发挥积极作用。通过援外培训平台，可加强对沿线国家政治、经济、文化、产业和环境等方面的分析研究，可为“走出去”实施产能合作提供科学决策服务(郭朝先等，2016)。

5.4.1.2 主题的确定及培训重点内容

自由贸易区、境外经贸合作区等是“一带一路”的重要载体(罗清等，2016)。尤其境外经贸合作区是推进“一带一路”倡议和国际产能与装备制造合作的有效平台(郭朝先等，2016；吴崇伯，2016)。其中涉林产能合作有多种，如木业、木材加工(初加工和深加工)、食品、林化产品、森林采伐、木地板、木制家具、生物制药等。“一带一路”产能合作，带动了我国铁路、电力和通信等优势行业的相关技术和标准“走出去”，有利于提升我国在全球产业链和价值链中的地位(郭朝先等，2016)，也为林业“走出去”提供了难得机遇，如森林防火设施设备输出(从技术标准、装备制造，到勘察设计、工程施工和运营管理等全方位整体“走出去”)、实施“一带一路”防沙治沙工程、建立产业基地等。上述领域是服务国家外交大局、促进国际产能合作方面都能双赢的领域，可作为援外培训的重要主题和重点内容来安排。

5.4.2 围绕受援国需求

5.4.2.1 主题生成的可行性

近年来，随着我国植树造林、荒漠化防治等方面取得的成绩和经验得到国际社会的普遍认同，非洲等发展中国家纷纷提出合作愿望，学习借鉴我国林业改革发展模式。我国集体林权制度改革实践经验，已经引起了国际社会的广泛关注。一些发展中国家表示要学习我国集体林权制度改革的做法和经验。围绕这些需求，通过援外培训把我国经验介绍给广大发展中国家学习借鉴，具有重要意义。发展中国家数量庞大，地理分布广泛，气候与立地条件差异大，其林业发展程度不同，使培训需求有着千差万别。来自不同国家的学员来华学习同一个主题内容，满足学员培训需求是关键和难点问题，给培训课程设计工作带来了极大的挑战。只有按需施教，针对性地开发培训，才能实现援外培训的目标。

5.4.2.2 主题的确定及培训重点内容

一是需要深入开展国别研究，了解了受援国林业改革发展情况、林业人才队伍现状、林业政策法律法规后，方能提出与需求相适应的培训主题，有效提升培训针对性和实效性。应健全国别研究机制，建立长期从事国别研究团队，为援外培训方向提供咨询服务。二是建立培训需求生成机制，提出需求调查目的、原则、内容、方式方法、程序以及要求等，及时动态掌握各国培训需求，为确定援外培训主题提供重要参考。经过实际培训，可不断扩充和完善培训需求库，作为下一次培训策划设计的直接依据。三是依据我国林业援外方针政策，有效兼顾学员培训需求和我国林业援外优先领域，针对性地提出培训方向、领域和内容，从而更加有效宣传我国林业，促进林业国际合作，扩大我国林业国际影响力。四是围绕已签署的多双边备忘录及协议中有关人力资源开发方面的需求，确定援外培训的主题并开展专题培训。

5.4.3 围绕我国林业优势领域

5.4.3.1 主题生成的可行性

我国立地类型丰富，生物多样性丰富，具有全气候带，森林资源类型丰富，从寒温带针叶林到热带雨季林均有分布，为更广泛、宽领域开展援外培训提供了得天独厚的条件和优势。我国林业改革发展经验对很多发展中国家来讲具有很好的学习借鉴意义，特别是荒漠化治理、植被恢复、人工造林、生物多样性保护、湿地保护等方面。

近年来，我国在生态建设、生态治理方面取得了显著成效，林业发展举世瞩目，得到了国际社会普遍认可和关注。根据第八次全国森林资源清查结果，森林面积和森林蓄积量分别位居世界第5位和第6位，人工林面积仍居世界首位。因此，在森林资源保护、经营管理和开发利用等方面具有丰富经验，可以为广大发展中国家提供所需各类经验和技术。

5.4.3.2　主题的确定及培训重点内容

在林业“十二五”期间生态建设、林业改革、林业产业发展等方面成就中，我国林业优势领域值得生成为援外培训主题的领域有很多。如“十二五”期间，我国森林火灾受害率控制在1‰以下，林业有害生物成灾率控制在4.5‰以下，林木良种使用率达到61%，等等。取得这些成就意味着我国林业已经积累了先进的经验、技术和管理措施等，因此可从众多领域中选题，向发展中国家进行更加广泛的宣传和展示实力，达到对外扩大影响力的效果。如森林可持续经营、多功能林业、林业产业、林下经济、林业种苗建设、林业规划设计、林业应对气候变化、林业科技、森林防火、森林有害生物防治、湿地保护修复、植被恢复技术、自然保护区建设管理、森林资源监测管理、林业改革、林业立法和执法、林业信息化、野生动植物保护管理等，均可作为培训重点内容。

5.4.4 围绕涉林国际公约

5.4.4.1 主题生成的可行性

当前国际社会对我国的定位和期望正在发生转变，发达国家要求我国承担更多的责任和义务，发展中国家在资金和技术援助方面对我国也有期望，国际上要求我国以发展中大国的地位，在涉林国际公约的谈判等事务中履行职责，并承担责任。近年来，我国积极参与林业国际规则的制定，在林业多边履约和多边林业谈判中有所作为，国际地位和话语权日益提升。在参与公约事务中，我国已经成为参与决策过程、甚至主导谈判进程的一支重要力量。目前由我国林业部门牵头的公约(协定)有《适用于所有类型森林不具法律约束力的国际文书》《联合国关于在发生严重干旱或荒漠化的国家特别是在非洲防治荒漠化的公约》(UNCCD)、《关于特别是作为水禽栖息地的国际重要湿地公约》(RAMSAR)、《濒危野生动植物种国际贸易公约》(CITES)。同时还参与了《联合国气候变化框架公约》(UNFCCC)、《生物多样性公约》(CBD)和《植物新品种保护公约》(UPOV)等。

5.4.4.2 主题的确定及培训重点内容

我国有健全的国家履约机构，认真履行上述国际公约。制定了相关公约国家行动方案，开展了全国荒漠化普查、监测；建立和完善了野生动植物进出口许可证明制度，在野生动植物进出口监管、大宗贸易管理、执法和打击盗猎走私行动等方面取得了显著成效，积累了广泛的经验；健全了湿地公约履约管理机构，开展了国家湿地保护行动规划，湿地立法、湿地自然保护区和湿地公园建设、沿海生态防护体系建设等，我国国际重要湿地已达82处。这些公约国内实践将为林业援外培训提供很好的素材，能够及时对外有针对性和系统性地进行宣传，让国际社会深入了解我国履约行动，从而进一步提升我国林业的国际地位、作用和影响力。因此，以林业部门牵头的国际公约(协定)作为培训主题，围绕国内行动所取得的成效来安排培训内容，将会取得良好的培训效果。

5.4.5　围绕林业产业及林产品贸易

5.4.5.1　主题生成的可行性

发展绿色经济、实现绿色增长是近年来国际热点议题之一(徐斌等，2013)。在“十二五”时期，我国林业产业产值年增速超过20%，2015年已达到5.94万亿元。我国林产品贸易规模不断扩张，2015年林产品进出口额达1385亿美元，人造板、家具、纸板及纸制品等林产品的出口位居世界前列。松香、竹材、竹制品、人造板、木竹地板、木竹藤家具等产品产量均居世界首位，经济林、花卉等产品产量已位居世界前列，我国已成为世界林产品生产、消费和贸易大国。这些发展经验和技术可为发展中国家提供很好的借鉴。

我国2014年林产品进出口贸易中，美国、日本仍为主要的出口市场，进口市场则以美国、东盟国家、加拿大、俄罗斯为主。前5位出口贸易伙伴依次是美国、日本、中国香港、英国、韩国，前5位进口贸易伙伴分别为美国、泰国、印度尼西亚、加拿大、马来西亚。显而易见，我国与发展中国家还未广泛开展林业产品贸易合作，广大的发展中国家既是市场又是合作伙伴，在扩大我国林产品贸易方面具有巨大的潜力，可为我国林业产业发展技术输出和扩大贸易合作提供广泛的机会。通过围绕林业产业开展专题培训，将有效宣传我国林业产业技术，为扩大多边和双边林产品贸易，促进受援国产业发展能力，改善受援国民生问题等方面都具有重要意义。

5.4.5.2　主题的确定及培训重点内容

近年来我国森林食品、花卉竹藤、森林旅游、沙产业、油茶等木本粮油、野生动植物繁育利用产业快速发展，林业生物质能源、生物质材料、生物制药和林产品展会经济、金融咨询服务业等蓬勃兴起。发展速度最快的产业主要是一些新兴产业，包括林业旅游与休闲服务业、油茶产业、野生动物繁育与利用业等。经济林产品的种植与采集，木材加工及木、竹、藤、棕、苇制品制造，林业旅游与休闲服务分别成为林业第一、二、三产业中的主导亚产业。因此，围绕木材及其他原料林培育、木本粮油和特色经济林产业、森林旅游、林下经济、竹产业、花卉苗木产业、林产工业、林业生物产业、野生动植物繁育利用产业、沙产业等，结合各国别实情，重点介绍林业产业发展技术模式、产业基地管理、产业扶贫经验等，安排专题培训，能达到良好的效果。

5.4.6　围绕促进林业国际合作

5.4.6.1　主题生成的可行性

在森林问题日益国际化的今天，林业也成为国际援助机构和发达国家与我国开展合作的优先领域。开展林业国际合作仍将是新时期我国林业经济结构调整、促进产业优化升级、增强林业国际竞争力的重要组成部分和加快我国林业发展的重要动力。我国在气候变化巴黎大会上承诺“中国2030年森林蓄积量比2005年增加45亿立方米左右”，这就要求林业在全球生态治理格局中扮演更加重要角色。国际合作是有效减缓气候变化的必要条件，由于温室气体排放的全球外部性属性，减缓气候变化必须通过国际合作实现。《巴黎协定》为 2020 年后全球合作应对气候变化指明了方向。《巴黎协定》下的国际减缓合作必须通过强化资金、技术、能力建设机制来保障（高翔，2016）。

当前，我国林业的国际地位和影响力不断提高，具备了加快发展、为国家外交战略和对外开放战略作出更大贡献的条件和机遇。随着我国国际地位的不断提升，已先后成立国际竹藤组织（INBAR）、亚太森林恢复与可持续管理组织等 2 个林业国际组织。在全球竹藤产区（尤其发展中国家）扶贫和促进经济社会可持续发展方面发挥着重要作用，对亚太地区促进和提高森林恢复与可持续管理水平方面产生着积极影响力。2016 年，我国提出并组建了 ISO 竹藤技术委员会，对支撑国际竹藤产业发展，推动传统竹藤产业的结构调整升级，促进国际贸易便利化具有重要意义。

5.4.6.2　主题的确定及培训重点内容

顺应当前国际形势，林业国际合作工作应立足于生态林业、民生林业，推进生态文明建设。需要创新国际合作的理念和模式，寻求新的合作方式，进一步拓展合作领域，向更深层次、多目标、多效益的合作目标转变，力求更大合作成果。林业援外培训在林业国际合作上大有作为。一是可探索在应对气候变化、节能减排、新能源开发、循环经济等具有全球性意义的领域开展国际合作，共同应对全球化的挑战。二是我国已签署的多双边备忘录及协议有很多，落实已签订的协议，开展务实合作是今后林业国际合作的一个方向。围绕多双边协议，针对发展中国家有针对性地设计培训领域和重点内容，将会取得良好的效果和效益。三是在援外培训基础上，进一步拓展培训效益，延伸后期合作，针对发展中国家需求开展务实合作，促进我国林业技术的输出。四是充分发挥我国2个林业国际组织的平台作用，围绕各自职能向发展中国家开展针对性的培训。

5.4.7 围绕林业企业“走出去”

5.4.7.1 主题生成的可行性

随着我国林业实力增强，国际影响力提升，必将促进我国非政府组织、科研单位、规划勘察设计单位以及林业企业向海外拓展业务。林业企业欲“走出去”，需要有平台，做好宣传，展示实力。林业企业“走出去”困难的重要原因之一是企业与林业国际合作部门间的互动不够，缺少合适的平台。林业援外培训为我国林业“走出去”提供了难得的机遇。通过林业援外培训，宣传我国林业企业、生产技术能力，可为下一步林业产业合作、资源配置以及开发合作项目搭建平台，如合作开发境外森林资源、技术和成套设备输出、林产加工业合作、木材贸易合作、森林资源综合开发利用、木材综合加工、林中药材开发利用、森林防火技术设备、林业科技合作等。

5.4.7.2 主题的确定及培训重点内容

充分利用援外培训交流机会，建立林业企业向海外宣传展览机制，可增进相互了解，为“走出去”开展“产业合作”做好对接。一是围绕有实力“走出去”的企业技术领域，选定援外培训主题，为企业“量身定做”进行宣传，使学员了解我国林业企业生产技术实力。二是通过援外培训交流为林业企业“走出去”提供相关技术和政策服务，为林业企业“走出去”提供平台。三是现场教学环节参观考察林业企业，或企业相关人员为学员介绍企业经营状况、海外投资意向、合作目标、目标区域国别、合作相关需求等。四是学员可以介绍本国林业政策法规、森林资源、合作意向、合作需求等。通过促进林业“走出去”为我国优化配置国际资源和市场创造有利条件，提高林业开放型经济水平，也可进一步提升林业的国内、国际地位(解炜炜等，2008)。

5.4.8 围绕林业热点问题

5.4.8.1 主题生成的可行性

促进绿色经济发展、实现绿色转型已成为世界性的潮流和趋势。2015 年联合国森林论坛讨论了未来 15 年全球森林政策，对森林在消除贫困以及应对气候变化方面的关键作用达成共识。联合国《2030 年可持续发展议程》明确将保护森林、湿地、荒漠生态系统和生物多样性作为独立完整的目标之一。目前森林问题已经成为国际热点，全球可持续发展、应对气候变化、解决能源资源、社区摆脱贫困和谐发展等都离不开林业，林业也是国际合作中最容易获得共同语言的话题(解炜炜等，2008)。林业在维护国土生态安全、满足林产品供给、发展绿色经济、促进绿色增长以及推动人类文明进步中，发挥着重要作用(徐斌等，2013)。这些国际大环境更加凸显林业援外培训的重要意义。

近年来，国际环境领域的许多谈判都涉及林业问题，林业已成为国际外交领域的重要议题。保护和发展森林成为争夺话语权、树立良好国际形象、创造良好外交环境的重要议题。一些国家甚至以此对别的国家施压，制约他国发展。非法采伐森林、濒危野生动植物保护利用等已成为国际敏感问题和矛盾焦点。随着我国经济社会发展，国内森林资源供需的压力较大，近年来从国外大量进口木材和出口林产品，已经受到国际社会高度关注，部分非政府组织和个别国家指责我国企业非法采伐和进口木材，影响了我国正常的林产品贸易，也影响了我国企业的国际形象。我国企业需要转变经营理念，顺应国际林业形势，树立良好负责任大国形象。针对这些问题，林业援外培训可提供良好的平台，而且大有作为。

5.4.8.2　主题的确定及培训重点内容

当前，森林可持续经营、生物多样性保护、林业生物质能源开发、应对气候变化、森林资源价值评估、打击非法采伐和相关贸易、森林认证、森林文化等已成为林业国际热点问题(张东方等，2008；徐斌等，2013)。对这些国际热点问题，我国具有丰富经验和做法，如我国参与的森林可持续经营标准的制定和实施(蒙特利尔进程、亚洲干旱地区进程)、我国施行的森林认证体系(已得到42个国家认可)、林业碳汇计量与监测和碳汇交易、自然保护区建设管理、造林再造林项目实施、林业生物质能源开发利用等，均可在援外培训中对外宣传。国际热点的木材非法采伐及相关贸易问题的关键和实质是立法、执法问题和利益问题，需要加强我国林业政策措施对外宣传，减少贸易摩擦的诱发因素(解炜炜等，2008)。通过林业援外培训可以宣传我国所做的努力、贡献以及正确立场。

5.4.9　小结

林业援外培训在宣传我国林业、提升国际影响力、推进林业“走出去”、展示我国软实力等方面大有可为。本节从8个方面分析援外培训主题生成可行性，提出了相应培训主题和重点内容，为培训主题申报、相关机制建设、提高培训实效性提供参考。

(1)利用“一带一路”产能合作平台，围绕涉林产能合作领域开展援外培训，展示我国生态建设和生态治理成效，促进林业“走出去”“一带一路”国际产能合作。

(2)深入开展国别研究，了解实际需求，提出与需求相适应的培训主题，有效提升培训针对性和实效性。

(3)我国生态建设成效及林业改革发展经验得到了国际社会普遍认可和关注。尤其人工造林、荒漠化防治、森林防火、森林有害生物防治、林木良种等优势领域对发展中国家具有很好的借鉴意义，值得生成培训主题。

(4)以 UNCCD、CITES、RAMSAR 等涉林国际公约(协定)作为培训主题，学习国内实践经验，让国际社会了解我国履约行动，对提升我国林业国际地位和影响力具有重要意义。

(5)我国已成为世界林产品生产、消费和贸易大国，产业发展技术模式、产业基地管理、产业扶贫经验对发展中国家有良好学习意义。通过援外培训，可促进我国产业技术输出，扩大与发展中国家的林产品贸易合作。

(6)林业援外培训可为落实多双边协议，促进林业国际合作发挥重要作用。

(7)通过林业援外培训，宣传我国林业企业生产技术实力，可为产业合作、资源配置、林业“走出去”搭建平台。

(8)我国在生物多样性保护、林业生物质能源开发、应对气候变化、打击非法采伐和相关贸易等林业国际热点问题上，具有丰富的经验和做法。可借助援外培训的平台，对外宣传我国所做的努力以及负责任的大国形象。

林业援外培训是宣传我国林业、扩大我国林业国际影响力的有效手段，也是展示我国软实力的重要平台。林业援外培训主题具有多样性和广泛性，但无论选择何种主题，应符合我国林业援外战略，同承办单位所选择的主题共同形成合力，确保效益的一致性，促进我国林业国际合作，提升国际影响力，服务林业“走出去”，实现多重目标，取得多种效益。

5.5　培训工作机制及措施实例

本节以林业援外培训工作为例，探讨促进林业援外培训工作的机制性措施。授人以鱼不如授人以渔，人力资源开发合作是我国对外援助(吕莉萍等，2011；刘红等，2013)的 8 种主要方式之一。我国自 1953 年起实施人力资源开发合作项目，通过多双边渠道向发展中国家提供了政府官员研修、专业技术培训、学历学位教育以及其他人员交流等；自 1981 年起我国同联合国开发计划署合作，为发展中国家在华举办了多个领域的实用技术培训班；自 1998 年起我国政府开始举办官员研修班，培训承办单位数量、培训领域和规模迅速扩大。

林业援外培训属于人力资源开发合作领域(唐弼等，2013)。近年来，随着我国植树造林、荒漠化防治等方面所取得的成绩与经验得到了国际社会的普遍认同，一些发展中国家纷纷提出合作愿望，学习借鉴我国林业改革发展模式。自 1993 年起我国林业部门开始承办商务部和科技部渠道援外培训班，经过 20 余年的发展，我国林业援外培训已初具规模，围绕森林可持续经营、荒漠化防治、竹藤产业发展、生物多样性保护、森林执法与施政等重点领域，培养了发展中国家一大批林业官员和技术骨干，为其了解我国市场、产品及技术提供了机会，促进了发展中国家间的交流与合作。

目前，在我国对外援助整体布局中，受国家政策、资金使用重点、受援国需求、林业国际合作工作布局等限制，我国林业对外援助依然还处于起步阶段。援外资金渠道比较单一，培训形式以短期培训为主，培训机制不够健全，仍未建立完善的培训体系，缺乏统一的援外培训思路和规划(黄海波，2007)，需要深入研究在新时期加强林业援外培训工作的机制性问题。

5.5.1　建立培训需求生成机制

作为发展中国家，我国援外培训工作仍处于初级阶段，首先面对的是国内需求与受援国需求如何平衡的问题。针对不同受援国林情，结合我国林业对外合作需求，设计培训方向和重点是成功实施援外培训的关键。目前，林业援外培训主题申报方向主要依据各援外培训承办单位的技术实力，围绕林业热点问题而选定。林业援外培训内容除了我国优势领域以外，主要围绕提升我国林业国际影响力、宣传我国林业、促进技术合作以及服务外交等。由于目前林业援外培训需求生成机制还不够健全，援外培训项目生成时，受援国培训需求(刘红等，2013；孙玫等，2015；王勇等，2016)容易被忽略的问题时有发生。以我国需求和要求为基点，以承办单位优势领域为主，提出培训主题和重点内容，往往不能满足受援国培训需求。

在缺乏行业援外培训规划的情况下，实行年度计划制将会影响援外培训的整体效果，导致对我国林业对外宣传不够全面。据此，应兼顾我国优势领域与受援国需求，由行业主管部门建立林业援外培训需求生成机制，主要承担行业培训规划编制、主题选择、项目库建立等职能。一是需要制定林业援外培训规划，编制培训教学大纲、优先领域和重点内容，指导各承办单位培训主题申报方向和领域，整合援外培训资源，更好地实现援外培训目标。二是需要建立培训主题选择机制，在培训主题申报之前做充分的调查研究，严格把关主题申报环节，制定培训需求调查相关制度要求和管理办法，提出具体步骤、技术措施和相关标准等，使培训项目生成更加严谨科学。三是需要建立项目储备库，加强国别研究，了解受援国林业发展现状、问题以及政策趋势，准确把握培训需求，建立项目储备库，长期跟踪调查研究，为培训项目生成提供重要依据，使我国林业援外培训更加有的放矢，进一步提高援外培训的针对性和实效性。

5.5.2　建立与受援国沟通交流机制

林业援外培训工作与国内一般培训工作有着很大区别，具有程序复杂、环节繁多、沟通协商烦琐、涉及面广等特点。其中，招生工作和培训需求把握难度较大，积极开展境外招生，保证足够的生源，提高报名工作效率，确保学员人数是重要基础工作之一。通过与受援国的有效沟通交流，使得培训前期准备更加畅通无阻，有效提升工作效率，对深入了解培训需求，针对性地设计培训课程，招收合适的学员，有效开展后续跟踪服务工作等方面具有重要意义（兰良程，2010；刘红等，2013；唐弼等，2013；孙玫等，2015）。

据此，由行业主管部门借助林业援外平台，结合多双边交流合作机制，建立援外培训工作与受援国沟通交流的机制，主要承担援外培训前期准备工作的对接、促进人员往来、为林业“走出去”做服务等。通过该机制双方可以安排专人对接具体工作，及时反馈培训需求，为课程设计提供参考；协助招收学员，并为其办理相关手续提供便利；以此为平台，以联合开展研究工作等形式，促进双方业务往来与人员交流；为林业寻求对等合作项目，林业企业“走出去”提供平台与机会(骆翔等，2014)，进一步拓宽林业国际合作与交流渠道。

5.5.3　建立培训需求调查和报名信息平台

援外培训学员来自发展程度不同的国家，在教育水平、文化、宗教信仰、学习动机等方面存在较大差异，这无疑增加了设计培训课程的难度(刘红等，2013)。由于培训项目多属于在尚未明确招生对象的情况下就已制定了授课内容、范围和形式等，因此难免出现培训内容的设计与培训对象不太相符的现象。针对上述问题，需要行业主管部门建立培训需求调查及报名信息平台，主动承担培训需求调查和招生等职能。一是将能够有效解决培训需求把握的问题，参训学员报名并将自己的培训需求通过信息平台提交承办单位，参训过的学员也可通过该系统将自己、同事以及行业培训需求反馈给我国，从而有力提高培训工作的效率和培训效果。二是能够有效提高招生工作效率。发出招生通知时，附上该系统登陆地址、方法，学员直接登录并填写相关信息进行在线报名，省略多余的环节，避免不必要的沟通协调，确保报名工作的畅通高效。

5.5.4　推进林业“走出去”战略，创新培训方式

目前，林业援外培训主要以来华培训为主，少数承办单位以合作项目形式尝试技术输出。就双边培训合作而言，来华培训的单一培训方式，影响了培训规模、培训受益面，也增加了成本，需要创新培训方式(敬小军等，2013)。一是可尝试以“送教上门”方式派遣林业专家到现场向受援国提供技术传授，在此基础上邀请部分学员

代表来华实地参观或现场教学，效果可能更佳，从而促进我国林业技术和企业“走出去”，宣传我国林业，扩大国际影响力，为我国林业国际合作与对外开放创造更多的机会。二是对受援国的林业热点问题开展合作研究，根据受援国的实际情况，确定培训主题，制定教学方案，重点安排适合受援国国情的管理和技术内容，突出教学内容的指导性、可操作性和实用性的效果，从而提高受援国技术能力，促进林业改革发展。

5.5.5 制定规范化管理制度，提升林业援外培训整体实力

为保证援外培训项目规范、有序、顺利开展，按照商务部援外培训管理要求，结合行业特点，对援外培训各环节加强精细化、规范化管理，从而形成统一的援外培训思路，强化援外培训项目针对性，提高培训质量和效果，提升援外培训承办单位规范化实施能力，增强林业援外培训整体实力，建立分工明确、布局合理、优势互补、资源集中、相互促进的林业援外培训体系。

5.5.5.1 强化统一申报和统一管理制度

根据林业行业的特殊性，建立林业援外培训项目的统一申报和统一管理的制度，由行业主管部门对各承办单位的项目申报、方案设计、组织实施、总结评估等各个环节进行严格的监督管理；规范援外培训项目立项的原则和程序，健全对申报项目的可行性进行科学评价的机制，由林业相关机构组成的第三方评估组对申报项目进行评估，采用奖惩制度，将评估结果与项目立项紧密结合，从而有效提高林业援外培训项目的实效性。

5.5.5.2 制定规范化管理办法和相关标准

围绕方案制定、课程设计、师资队伍配备、培训形式、现场教

学方式和培训总结评估等，制定规范化管理办法和相关标准。一是课程设计采用统一主线，提高针对性。二是师资统一培训，进一步规范教学方法。授课专家要有国际视野和思维，对受援国背景比较了解，能够就受援国情况进行案例分析，对学员提出的实际问题，能够提出有效的对策建议。师资队伍可采取国内外专家专职、兼职相结合的办法，可采用三方合作方式邀请外籍专家来授课。三是建立现场教学示范点选定机制，设立与培训主题相吻合的教学点。组织现场教学时，主讲专家与学员一同前往，确保教学效果。四是加强培训教材建设工作，形成规范的援外培训系列教材。

5.5.5.3 提升林业援外培训整体实力

目前，援外培训各承办单位相对独立，缺乏相互间的交流，在总结林业援外培训的成绩、提炼实践经验方面仍不够充分，不利于建立健全的培训管理制度和完善的培训体系。因此，行业主管部门需要建立援外培训承办单位间的相互交流、协作和资源共享的机制(李慧玲，2012)，进一步优化培训体系，加强协作、形成合力，提升林业援外培训整体实力。例如，共享现场教学资源，相互协作，共享师资资源，等等。行业主管部门可统一组织承办单位，推进年度交流机制或定期组织进行总结工作，分享成果，交流经验，解决突出问题，谋划下一步计划。

5.5.5.4 建立林业援外培训综合效益评估和评价机制

林业援外培训所取得的成果和综合效益应该如何评价？林业援外培训效果、后期效益和价值怎样体现？到底发挥了哪些更深层次的效益？以培训班期数和人次、宣传我国林业等简单的指标不足以体现综合效益，因此，需要建立林业援外培训综合效益的评估和评价机制，构建评价指标体系，制定量化标准，对援外培训综合效益进行科学评价。

5.5.6 提升林业援外培训战略高度，发挥其多重效益

援外培训工作必须紧紧围绕我国发展大局，服务国家对外工作全局(兰良程，2010)，服务发展中国家可持续发展。其宗旨是向发展中国家传授我国先进、适用的经验技术，增进了解(岑咏，2014)、促进合作、共同发展。援外培训工作的性质决定了它远远超出了教育培训本身的意义，发挥着多重效益。一是配合我国总体外交工作需要。帮助发展中国家培养人才，促进相互友好关系，分享我国发展经验，促进经济社会的自主发展能力(李慧玲，2012)，同时还能充分发挥我国软实力的影响，提升我国国际地位，增强国际话语权。二是促进国际经贸和技术合作的有效载体。可为我国企业更广泛地参与国际合作提供着有力的宣传和渠道，是我国对外发展战略的一个重要组成部分。三是实施援外培训不是以一期援外培训班的结束而简单告终，而是实现援外深层次的目标和效益过程的开始，是林业援外工作迈出的第一步。

对受训学员的后续追踪服务是检验培训效果的重要手段，也是进一步扩展培训效益的有效途径。通过一期援外培训班，受援国直接得到的受益十分有限，我国对受援国的直接影响力也十分有限，必然达不到有效宣传我国林业影响力的效果。因此，需要进一步提升林业援外培训战略高度，合理定位援外培训工作，充分发挥后期效益，从而进一步放大培训效果，向实现援外深层次目标和效益的方向发展；建立培训后续追踪服务机制，加强培训后续跟踪服务工作，将有限的培训资源和影响充分扩大；建立与受训学员联系和评估回访机制，加强学员训后信息跟踪反馈工作，将学员信息分人立

档，方便保持联络和做好后续跟踪工作；通过开展实地考察回访，进一步了解受援国情况和需求，搜集更多生源信息，为开展国际合作研究，促进林业对外技术交流与合作创造条件。

5.5.7　创新投入管理机制，拓宽资金渠道

目前林业援外培训投入机制不健全。主要体现在承办单位组成结构比较简单，范围不够宽。目前承担林业援外培训任务的单位主要是科研院所、高校和干部学院等；林业援外培训经费来源单一，经费主要来自商务部和科技部，需要拓宽参与投入范围，尝试建立林业企业和国际组织参与投入机制，扩大林业援外培训范围，强化援外培训实力。一是鼓励林业企业对林业国际合作、援外人力资源开发合作及人员往来方面的经费投入和具体参与，特别是针林业企业"走出去"需要，将对外合作交流和援外培训相结合，创新投入机制。二是在主管部门的认可下加强与联合国及区域有关机构的合作，吸收这些国际组织的投入，分摊双方共同有兴趣的项目费用，拓宽资金渠道，提升我国林业援外实力。这有利于提升我国在周边及区域合作的影响。

5.5.8　小结

我国林业援外培训工作快速发展，取得了显著成绩。但也暴露出一些需要完善和改进的问题，存在规范化管理有待提高，开拓创新力度不够，培训后续跟踪反馈不到位等诸多不足。面对我国为积极履行国际义务而不断增多的援外任务，在援外人力资源开发合作项目设计、管理和实施方面需要进一步创新。本节围绕培训需求生成机制、与受援国沟通交流机制、培训需求调查和招生方式、创新

培训形式、提升援外培训整体实力、发挥援外培训多重效益、创新资金渠道和投入等 7 个方面，提出了促进新形势下林业援外培训工作有效机制建设的建议。

综上所述，尽管我国林业援外培训取得了显著成绩，但在培训需求调查研究、与受援国沟通交流、培训方式创新、规范化管理、投入管理等方面存在诸多不足，需要进一步完善和改进。因此，深入分析当前林业援外培训管理和执行中存在的突出问题，围绕服务国家外交大局、服务国家援外大局，加强规范化管理，提高培训实效性，提升援外培训实施能力，发挥多重效益等方面，建立健全促进林业援外培训的有效机制，才能更好地适应新形势下加强援外培训工作的要求。

参考文献

艾尔·巴比，2009. 社会研究方法(第 11 版)[M]. 邱泽奇，译. 北京：华夏出版社.

边红军，2008. 创新干部培训管理方式方法的途径[J]. 领导科学(10)：36.

才吉卓玛，2017. 干部培训方式方法创新的新趋势[J]. 当代教育实践与教学研究(9)：231-232.

岑咏，2014. 交流合作促职教发展 服务援外树培训品牌——记宁波职业技术学院援外培训[J]. 继续教育(10)：20-22.

陈东明，葛全胜，2009. 研究式培训的需求调查分析——以县处级领导干部培训需求调查为例[J]. 中国成人教育(5)：62-63.

陈芳，王永刚，刘祥军，等，2012. 高校中层干部教育培训质量评价研究[J]. 成都理工大学学报(社会科学版)，20(6)：95-100.

陈刚，黄冠军，2018. 建立健全气象干部教育培训效果评估机制措施探讨[J]. 人才资源开发(17)：9-11.

陈纪宁，1997. 常用应用文写作手册[M]. 北京：中华工商联合出版社，162-165，506-509.

陈锦雄，2000. 如何搞好继续教育培训的需求调查[J]. 中国成人教育(3)：45.

陈明东，2015. 温州市团干部教育培训工作调研报告[J]. 青少年研究与实践，30(3)：50-52.

陈肖庚，2011. ADDIE 教学设计模型在成人教育培训中的应用[J]. 成人教育，31(1)：38-40.

陈小兰，冯倩，2009. 企业员工培训需求分析模型及运用——基于胜任特征[J]. 中国商贸(19)：58-59.

陈燕楠，2012. 干部教育培训方式方法创新的新趋势[J]. 国家行政学院学报(5)：28-31，118.

陈正华，2006. 论现代党政干部培训课程体系的创新[J]. 继续教育(6)：4-7.

崔奇，竞玉梅，1998. 设计调查问卷应注意的几个问题[J]. 统计与决策(1)：44.

崔晓军，吴明亮，黄潇，等，2022. 气象干部教育培训标准体系研究[J]. 标准科学(12)：81-88.

戴玲，2021. 关于少数民族干部培训需求特征的实证研究[J]. 贵州民族研究，42(1)：174-180.

丁卫泽，吴延慧，2010. 高校教师教育技术培训需求分析初探[J]. 教育与职业(35)：63-66.

弗洛德·J·福勒，2010. 调查问卷的设计与评估[M]. 蒋逸民，田洪波，陆利军，等．译．重庆：重庆大学出版社.

傅志远，2003. 调查问卷设计常见偏误及纠正[J]. 通信企业管理(7)：24-25.

高翔，2016.《巴黎协定》与国际减缓气候变化合作模式的变迁[J]. 气候变化研究进展，12(2)：83-91.

龚晨，2017. 党校干部教育培训信息化的机制创新[J]. 党政论坛(2)：47-49.

顾明远, 1998. 教育大辞典(增订合编本)[M]. 上海: 上海教育出版社.

郭朝先, 刘芳, 皮思明, 2016. "一带一路"倡议与中国国际产能合作[J]. 国际展望(3): 17-36, 143.

郭朝先, 皮思明, 邓雪莹, 2016. "一带一路"产能合作进展与建议[J]. 中国国情国力(4): 54-57.

国家市场监督管理总局, 国家标准化管理委员会, 2023. 质量管理 能力管理和人员发展指南: GB/T 19025-2023[S]. 北京: 中国标准出版社.

郝文斌, 褚国刚, 1993. 公务员实用写作[M]. 北京: 中国人民大学出版社, 106-124.

何翀, 2021. 基层税务业务培训模块化设想[J]. 合作经济与科技(17): 118-119.

胡丁月, 2017. 刍议进一步创新干部教育培训方式方法——以四川省委省直机关党校干部教育为例[J]. 新西部(24): 19-20.

胡哲, 黄莉, 2013. 充分发挥信息化建设在干部教育培训中的作用[J]. 中国市场(1): 43-44.

黄海波, 2007. 中国对外援助机制: 现状和趋势[J]. 国际经济合作(6): 4-11.

黄娟娟, 2015. 教育调查问卷设计的常见问题及应对[J]. 上海教育科研(5): 51-55.

贾君枝, 石燕青, 2014. 中文名称规范文档与虚拟国际规范文档的共享问题研究[J]. 中国图书馆学报, 40(6): 83-92.

解炜炜, 陈嘉文, 张蕾, 2008. 美国林产品贸易政策概述——兼论我国林业如何应对国际热点问题[J]. 林业经济, 30(10): 64-68.

敬小军，袁新华，2013. 渔业援外人力资源开发合作项目浅析——基于淡水渔业研究中心援外培训工作实践[J]. 中国农学通报，29(8)：71-74.

兰良程，2010. 福建省食用菌技术援外培训现状与发展研究[J]. 中国农村小康科技(6)：67-70.

李春霞，2009. 高信度调查问卷的设计[J]. 统计与决策(11)：189.

李翠林，2007. ISO10015 国际标准在培训管理中的应用[J]. 陕西电力(5)：84-86.

李慧佳，马建玲，张秀秀，等，2016. 中文机构名称规范库建设的实践与分析—以"中科院机构名称规范库"建设为例[J]. 图书与情报(1)：133-139.

李慧玲，2012. 论援外培训项目的实施与管理[J]. 教育教学论坛(S2)：236-237.

李慧玲，2012. 影响援外培训项目成功实施的若干因素[J]. 人力资源管理(6)：217-218.

李丽丽，赵光辉，田仪顺，2012. 新疆交通运输教育培训调研报告[J]. 交通运输部管理干部学院学报，22(1)：27-29.

李亮，王颖，牛继豪，2018. 干部教育培训教学质量评估存在的问题与对策研究[J]. 当代继续教育，36(5)：11-14.

李明，2014. 论警察的培训对象分类和管事培训分级——基于对国家公安部"提高见警率和管事率"警务部署的思考[J]. 河南司法警官职业学院学报，12(4)：111-115.

李新，杨现民，2020. 中小学教师数据素养培训课程设计与实践研究[J]. 中国电化教育(5)：111-119，134.

李雪玲，2016. 干部培训管理信息系统的分析与设计[J]. 电脑编程技巧与维护(2)：55-57.

李颖，2011. 专业化视角下特校校长培训课程模块设计[J]. 长春理工大学学报 6(11)：5-6.

李永贤，2017. 高校领导干部需要什么样的培训——基于 197 位高校领导和 304 位高校中青年干部的培训需求调研[J]. 国家教育行政学院学报(11)：72-77.

刘红，曹建华，张兴银，等，2013. 中国援外培训项目实施中存在的问题与对策[J]. 热带农业工程，37(1)：63-66.

刘宏，庄起民，赵惠菊，等，2006. 高校中层干部教育培训需求及实效性研究[J]. 求实(1)：268-270.

刘利波，李卉，陈春凤，2017. 海南省干部教育培训项目质量评估研究[J]. 新东方(5)：71-76.

刘追，刘佳，2012. 基于 ADDIE 模型的系统培训模式研究[J]. 中国人力资源开发(9)：47-50，78.

柳新华，2003. 从调查研究到调研报告的正确方法[J]. 中国行政管理(3)：58.

罗清，曾婧，2016 . “一带一路”与中国自由贸易区建设[J]. 区域经济评论(1)：40-46.

罗明娅，郭继辉，2016. 论公安机关人民警察教育培训课程模块库构建—以云南警官学院为例[J]. 云南警官学院学报(5)：8-11.

骆翔，章树民，张利利，等，2014. 援非农业示范中心人力资源开发合作项目研究[J]. 世界农业(5)：177-179.

吕莉萍，夏延斌，2011. 对“食品工业新技术援外培训”的思考与建议[J]. 企业技术开发，30(9)：152-156.

倪建春，2011. 调查问卷设计的“八大注意”[J]. 中国统计(8)：33

-34.

彭世杰，2016. 改革完善组工干部教育培训质量评估体系的路径设想[J]. 克拉玛依学刊，6(2)：43-50.

齐高岱，赵世平，2000. 成人教育大辞典[M]. 山东：石油大学出版社.

上海市青浦区行政学院课题组，2015. 干部培训需求矛盾分析及应对策略[J]. 上海党史与党建，4：38-40.

石正华，1994. 怎样设计出一份好的调查问卷[J]. 浙江统计(3)：18，10.

宋华，2009. 创新教学模式 打造干部学习培训的新平台——对乳山市干部自主选学培训需求情况的调查[J]. 教育教学论坛，9：190.

宋今，李德，熊卫强，等，2015. 干部教育培训项目管理存在的问题及对策研究[J]. 广西社会主义学院学报，26(4)：107-112.

孙玫，丁金锋，黄重梅，等，2015. 孕产妇护理援外培训效果访谈调查[J]. 护理学杂志，30(7)：63-66.

谭蕾，2015. 干部培训信息化管理系统的基本架构与设计思路研究——以全国干部教育培训四川大学基地为例[J]. 中国管理信息化，18(16)：81-82.

唐弼，蒋昌顺，张雪，等，2013. 浅谈热科院援外培训项目的实施与管理[J]. 农业科研经济管理(3)：39-42.

王彩云，2021. 干部教育培训效果评估问题研究[J]. 中共伊犁州委党校学报(1)：41-43.

王丛漫，韩利红，张志磊，2010. 县级公务员培训需求调查实证研究—以河北省为例[J]. 河北大学学报(哲学社会科学版)，35(5)：128-133.

王健，王树恩，2010. 关于我国公务员培训创新的对策研究[J]. 新视野(5)：52-54.

王鹏，时勘，1998. 培训需求评价的研究概况[J]. 心理学动态，6(4)：36-38，51.

王雄，2008 ."四步法"干部培训需求调研实践与探索[J]. 继续教育研究(11)：122-124.

王亚明，2004. 浅谈读者意见调查问卷的设计[J]. 科技与出版(3)：38-40.

王勇，范勇，2016. 浅议提高援外短期教育培训质量——基于南京信息工程大学国际气象短期培训实证研究[J]. 教育教学论坛(2)：38-39.

吴崇伯，2016. "一带一路"框架下中国与东盟产能合作研究[J]. 南洋问题研究(3)：71-81.

吴雁平，2005. 调查问卷的一般格式、版式与设计程序[J]. 档案管理(5)：36-37.

席世浩，邹韵，侯文睿，2019，食品药品监管干部教育培训评估远期培训效果研究[J]. 中国药师，22(4)：737-739.

夏海波 . 材料分析，1999. 贵在深入——谈调研报告的写作方法(二)[J]. 档案管理(5)：45-46.

夏海波，1999. 欲争发言权，先去搞调研——谈调研报告的写作方法(一)[J]. 档案管理(4)：45-46.

夏行，2014. 调研报告的创作方法与写作技巧[J]. 领导科学(34)：34-36.

谢劲，2012. 干部教育培训办学质量评估若干问题的思考[J]. 理论建设(5)：100-102.

徐斌，张德成，胡延杰，等，2013．世界林业发展热点与趋势[J]．林业经济，35(1)：99-106.

徐纯烈，于振安，2006．人力资源培训管理的国际标准——ISO10015国际培训管理标准[J]．中国电力教育(6)：37-40.

杨明，王欢，2013．数字出版人才培训课程模块与培训模式构建[J]．中国传媒科技(8)：254-256.

杨智，2017．“三需导向”教师培训课程设计模式与反思—以贵州师范学院特岗教师培训为例[J]．中小学教师培训(6)：12-15.

于京天，2016．干部培训需求研究引论[J]．国家教育行政学院学报，(12)：72-75，89.

余海波，张燕华，2014．我国大学中青年干部培训课程设计的实践与思考——以国家教育行政学院中青年干部培训为例[J]．国家教育行政学院学报(5)：42-46.

俞姝，2013．论基于胜任力的领导干部培训需求分析[J]．领导科学(8)：48-49.

玉宝，方怀龙，2016．林业培训需求调查分析系统的开发研究[J]．继续教育，30(7)：35-37.

玉宝，2020．干部教育培训传统组织实施方式方法创新问题的探讨[J]．教育现代化，7(36)：190-192.

玉宝，2022．干部教育培训课程规范化设计方法[J]．交通运输部管理干部学院学报，32(3)：41-44.

玉宝，2016．干部教育培训需求生成机制及方式方法的研究[J]．继续教育，30(8)：16-17.

玉宝，2020．林业和草原干部教育培训班名称规范性问题的探讨[J]．内蒙古林业调查设计，43(2)：92-93，27.

张东方，汪国中，2008. 浅谈世界林业热点问题[J]. 国家林业局管理干部学院学报(1)：39-44.

张玫玫，2007. 干部教育培训课程设计的科学取向[J]. 继续教育(5)：20-22.

张念宏，徐仁声，贾岩，等，1988. 教育百科辞典[M]. 北京：中国农业科技出版社.

张清民，2016. 十八大以来的中国外交创新[J]. 当代世界(10)：4-9.

赵德成，梁永正，2010. 培训需求分析：内涵、模式与推进[J]. 教师教育研究，22(6)：9-14.

赵红丹，田喜平，2017. 基于 K-means 算法分割遥感图像的阈值确定方法研究[J]. 科学技术与工程，17(9)：250-254.

郑州局集团公司党校课题组，2020. 郑州局集团公司干部培训需求调研报告[J]. 理论学习与探索(2)：82-85.

中共中央印发《干部教育培训工作条例》[EB/OL]. (2023-10-15) [2024-3-30]. https：//www. gov. cn/zhengce/202310/content_ 6909281. htm.

中共中央印发《全国干部教育培训规划(2023-2027 年)》[EB/OL]. (2023-10-16) [2024-3-30]. https：//www. gov. cn/zhengce/202310/content_ 6909454. htm.

中华人民共和国国家质量监督检验检疫总局，中国国家标准化管理委员会，2012. 成人教育培训服务术语：GB/T 28913—2012[S]. 北京：中国标准出版社.

中华人民共和国国家质量监督检验检疫总局，中国国家标准化管理委员会，2012. 成人教育培训组织服务通则：GB/T 28915-2012

[S]. 北京：中国标准出版社.

中华人民共和国国家质量监督检验检疫总局，中国国家标准化管理委员会，2011. 非正规教育与培训的学习服务术语：GB/T 26997—2011[S]. 北京：中国标准出版社.

中华人民共和国国家质量监督检验检疫总局，中国国家标准化管理委员会，2016. 人力资源培训服务规范：GB/T 32624-2016[S]. 北京：中国标准出版社.

中央社会主义学院课题组，赵霞，2011. 党外干部教育培训规律和培训需求的调研报告[J]. 福建省社会主义学院学报(1)：5-9.

中组部第三期 MT 班课题组，2003. 加强干部培训需求调查和分析课题研究[J]. 组织人事学研究，4：46-49.

周恩荣，2008. 设计调查问卷的关键点[J]. 统计与决策(18)：189.

周海涛，2010. 构建教师自主选学的培训机制[J]. 教育发展研究(6)：41-43.

周万枝，刘卫民，2009. 四川省交通运输系统干部培训工作调研报告[J]. 交通部管理干部学院学报，19(3)：40-42.

朱诗柱，2017. 深化对税务干部培训课程建设的研究[J]. 税务研究(11)：94-96.

祝军，2009. 浅谈共青团干部培训课程的设置[J]. 中国青年政治学院学报，28(4)：22-26.

卓丽洪，贺俊，黄阳华，2015. “一带一路”战略下中外产能合作新格局研究[J]. 东岳论丛，36(10)：175-179.

Goldstain, 1989. Job analysis—a handbook for business, industry, and government[R].

International Organization for Standardization, 2019. Quality management: Guidelines for competence management and people development: ISO10015-2019[S]. Geneva: ISO.

Mcgehee W, Thayer P W, 1961. Training in business and industry[M]. New York: Wiley.

Taylor P, O'Driscoll M P, Binning J E, 1998. A new integrated framework for training needs analysis[J]. Human resource management journal, 8(2): 29-50.